アドバンスト物理学シリーズ 1

清水忠雄
矢崎紘一
塚田 捷
[監修]

表面界面の物理

笠井秀明
坂上 護 [著]

朝倉書店

まえがき

　統計的相関及び力学的相関のため，金属中の電子はその周りに正孔を伴って運動している．金属から真空中へ電子を取り出そうとすると，この正孔が抵抗する．これが仕事関数の主な原因である．その抵抗に逆らって電子を取り出してしまうと，取り残された正孔と電子間に働く引力が鏡像力をもたらす．これは金属と真空との境界近傍の一つの現象である．

　絶縁体の電子の運動はどうであろうか．価電子帯の電子は正孔を伴っているのでエネルギーは低いが，伝導体の電子の周りには正孔がないのでエネルギーが高くなる．この差がバンドギャップの主な原因である．このような絶縁体と金属との境界付近では，金属電子が絶縁体の価電子帯の正孔を遮蔽するので，バンドギャップが消失する．これは界面近傍でみられる金属・絶縁体転移の一例である．このように，異なる物質の境界では電子状態の多様性が見出される．

　物質を構成する原子も，境界近傍では多様な振る舞いをみせる．飛来する分子はその原子構造を変化しつつ表面にやってきて，場合によっては，解離吸着したり，表面上を拡散したりする．表面構成原子も変位し，移動し，飛来する分子を迎え入れる．あるいは，あたかも自動ドアのように物質内部への入り口を大きく開け，その結果，飛来する原子・分子の吸収過程が始まる．異なる物質の境界では原子移動が容易に生じ，例えば，電場印加によってマクロスケールでのイオン伝導が起こる．

　このように，表面界面は物性物理学研究の華やかな表舞台であるといえるであろう．近年の測定技術の飛躍的な向上によって，個々の原子や電子の振る舞いが手にとるように鑑賞できるようになっている．また理論面では，計算機を駆使する第一原理シミュレーションの技術が発展し，動的現象や強相関現象の取扱いに関してはいまだ課題が残るものの，理論主導の材料設計が可能になってきている．

まえがき

　本書は前半で，物性物理学，特に表面・界面の基本を紹介しつつ，後半では，現在の最先端の研究成果にも触れることができるように工夫されており，教科書，教養書としての大学院学生向けの本である一方で，専門書として第一線の研究者にも役立つよう学理がまとめあげられている．読者の皆様には，本書とともにこの表面界面の大舞台を楽しんでいただければ，幸いである．

　2013 年 6 月

笠 井 秀 明
坂 上　　護

目　次

1. 構造と電子状態 ………………………………………………… 1
   1.1 表面・界面物性の研究対象 ………………………………… 1
   1.2 表面の幾何構造 …………………………………………… 2
      1.2.1 体心立方構造 ………………………………………… 4
      1.2.2 面心立方構造 ………………………………………… 7
      1.2.3 六方最密充填構造 …………………………………… 10
      1.2.4 ダイヤモンド構造 …………………………………… 12
      1.2.5 逆格子 ………………………………………………… 14
   1.3 表面電子状態 ……………………………………………… 16
      1.3.1 結晶の電子特性 ……………………………………… 16
      1.3.2 射影バンドと表面状態 ……………………………… 22
      1.3.3 タム状態とショックレー状態 ……………………… 24
      1.3.4 鏡像力表面状態 ……………………………………… 25
   1.4 炭素系物質 ………………………………………………… 27
      1.4.1 グラファイト ………………………………………… 28
      1.4.2 ナノカーボン ………………………………………… 31
   1.5 顕微鏡による表面・界面原子スケール構造の測定方法 …… 32

2. 表面と原子・分子の反応 ……………………………………… 35
   2.1 化学吸着 …………………………………………………… 35
   2.2 物理吸着 …………………………………………………… 39
   2.3 解離吸着と会合脱離 ……………………………………… 42
   2.4 分子・原子散乱 …………………………………………… 49

目次

2.4.1 イオン中性化散乱 50
2.4.2 回転励起散乱 51
2.4.3 振動励起散乱 53
2.4.4 反応性散乱 55

3. 表面近傍での水素反応 57
3.1 量子様態 57
3.2 量子ダイナミクス 61
3.2.1 反応経路座標系における一般化散乱模型 61
3.2.2 トンネル効果 68
3.2.3 吸着と脱離の相関性 69
3.2.4 解離吸着における振動・回転運動の効果 71
3.2.5 会合脱離における回転分布 73
3.2.6 回転励起を伴う非弾性散乱 76
3.2.7 吸着水素の剥ぎ取りを伴う反応性散乱 78
3.3 オルソ・パラ転換 82
3.4 水素量子ダイナミクスの測定方法 87

4. 表面電子系のダイナミクスと強相関現象 91
4.1 可視・紫外光による電子ダイナミクス 91
4.2 電子遷移誘起脱離 101
4.3 磁性原子吸着金属表面における近藤効果とRKKY相互作用の実空間描像 104
4.3.1 近藤効果 104
4.3.2 磁性原子吸着金属表面における近藤効果 107
4.3.3 磁性ダイマー吸着金属表面における近藤効果とRKKY相互作用 112

5. 計算機マテリアルデザイン 119
5.1 表面・界面の第一原理シミュレーション 120
5.2 抵抗変化メモリ 122
5.2.1 背景と課題 122

5.2.2　伝導性フィラメント ･････････････････････････････････ 124
　　5.2.3　電極・抵抗素子界面における酸素欠損 ･･････････････････ 127
　5.3　反応性イオンエッチング ･･････････････････････････････････ 131
　　5.3.1　背景と課題 ･･･ 131
　　5.3.2　反応モデル ･･･ 132
　　5.3.3　反応シミュレーション ･･･････････････････････････････ 134

A.　非平衡グリーン関数法 ･････････････････････････････････････ 137

文　　献 ･･･ 148

索　　引 ･･･ 155

1

構造と電子状態

 本章では，表面・界面の幾何学構造と電子状態を，その基礎となる結晶構造やバンド理論の観点から解説する．また，表面・界面の幾何学構造を観察するための顕微鏡法についても簡単に解説する．

1.1 表面・界面物性の研究対象

 通常，固体物質を占める原子のほとんどはその物質の内部（バルク）に属し，表面・界面を占める原子は物質全体からみれば取るに足りないほど少ない．物質内部の性質は，表面の効果を無視した周期的境界条件を適用して論じることができる．しかし，固体の化学反応は表面・界面で起こる現象であり，表面・界面近傍のナノメートル ($1\,\mathrm{nm} = 10^{-9}\,\mathrm{m}$) 領域の特性が主要に反映される．同様に，電気伝導に関しても界面は伝導路に直列に組み込まれるため，半導体・半導体界面あるいは半導体・金属界面などではそのナノメートル領域の特性が顕著に伝導性に反映される．特に，半導体ヘテロ構造を用いた電子デバイスは界面領域の特性を活用して設計されるものである．光学応答に関しては光の波長と反射・吸収特性に依存するが，例えば金属表面に照射した可視光の侵入長は数十 nm 程度であり，表面の特性が反映される．
 表面・界面物性の主流な研究対象は固相・気相界面，固相・液相界面，固相・固相界面，液相・気相界面であり，特にそのナノメートル領域の特性に着目する．このうち，特に気相との界面を表面と定義する．また，従来の表面・界面物性における知見や実験・理論技術を活用することにより，ナノカーボンなどのナノ構造に関する分野にも研究対象が広がっている．表面・界面物性は物理学と化学の横断領域であり，実験的にも理論的にも様々なアプローチの手法がある．固相・

固相界面や固相・液相界面に比べ，表面に関する実験研究においては走査トンネル顕微鏡 (STM) など用いることでナノメートル領域の構造変化を直接観察することが可能である．そのため，表面に関しては原子構造の詳細に立ち入った理論研究と実験研究との間の議論が活発である．本書では主に表面に関して量子力学的観点から物性の背景にある原子核と電子の微視的振る舞いに着目する．

表面・界面の構造は，物質組成を決めただけでは一意に決定しない．完全な結晶を切断しただけの理想固体表面でも切断面の方位（面指数）によって性質は異なる．現実の固体表面では，同じ結晶の同じ面指数でも温度変化により表面構造が変化（構造相転移）し得る．欠陥や島構造などの不規則なナノ構造もしばしば出現する．表面（固相・気相界面）及び固相・液相界面の近傍では（非常に高い真空中の表面でない限り）何らかの分子・原子が散乱・吸着・脱離などの反応を起こしながら運動している．固相・固相界面では，結晶構造の不整合に起因するひずみや欠陥が出現し得る．その結果，表面・界面構造を完全に記述しようとすると，膨大な原子数を要する場合がある．

しかし，一般に表面・界面に特有の構造はその表面・界面から数 nm 程度の深さまでに限定され，それより深い位置での構造はバルク結晶とほぼ同等になるため，問題をより簡単化することができる．例えば，光が関与しない表面化学反応の場合は近接原子間の相互作用のみが重要となり，多くの問題が高々数個の表面層と高々数個の分子・原子との間の局所的な量子力学的反応に帰着できる．光学特性・光反応の場合は，例えば表面近傍の数 nm 程度の領域に特徴的な電子状態とバルク結晶の電子状態との間の電子移動を伴う相互作用などに帰着できる．本章では表面・界面，ナノ構造に特徴的な原子構造，及び電子状態について解説する．

1.2　表面の幾何構造

結晶格子の基礎については多数の名著に譲り，本章では固体表面の解析においてしばしば引き合いに出される幾何構造について述べる．完全結晶の原子配置は単位胞（あるいは単位格子，単位構造）に含まれる原子配置の3次元周期的な繰り返しで与えられる．単位胞の形状と格子点は14種類に分類される結晶格子（ブラベー (Bravais) 格子）によって与えられる．結晶格子は，さらに，格子の形状によって七つの結晶系に分類される（表1.1）．

表 1.1 結晶系と結晶格子

結晶系	格子
三斜晶	(単純) 三斜
単斜晶	単純単斜, 底心単斜
斜方晶 (あるいは直方晶)	単純斜方, 体心斜方, 面心斜方, 底心斜方
六方晶	(単純) 六方
菱面体晶 (あるいは三方晶)	(単純) 菱面体
正方晶	単純正方, 体心正方
立方晶 (あるいは等軸晶)	単純立方, 体心立方, 面心立方

金属や (IV族元素以外の) 半金属・半導体の単体結晶では, 一部の例外[*1]を除き, ほとんどは常温常圧で体心立方構造, 面心立方構造, 六方最密充塡構造 (六方格子) のうちいずれかの構造をとる. 金属結合では異方性の低い s 軌道の電子が結合を主要に担っているため, 最密充塡構造である面心立方構造や六方最密充塡構造をとるものが多い. 原子半径の小さい元素や d 軌道の活性な元素では共有結合に似た結合異方性が現れ, 充塡率の低い体心立方構造をとるものがある.

炭素 (C) は多様な同素体を持つが, 3次元的な周期構造を持つものとしてはダイヤモンド構造 (面心立方格子)[*2]がよく知られている. ダイヤモンド構造は sp^3 混成軌道による共有結合の性質を反映しており, その他の IV 族元素の半金属・半導体元素であるシリコン (Si), ゲルマニウム (Ge), 半導体スズ (Sn) の単体結晶もこの構造をとる. 炭素の常温常圧下での最安定同素体はグラファイトであり, その構造は sp^2 混成軌道による共有結合の性質を反映した蜂の巣型の2次元構造を積層したものである. この構造を1枚だけ取り出した2次元的ナノ構造はグラフェンと呼ばれる. グラフェンを筒状に丸めた1次元的ナノ構造はカーボンナノチューブと呼ばれ, 球状に丸めた0次元的ナノ構造はフラーレンと呼ばれる.

本節では, 体心立方構造, 面心立方構造, 六方最密充塡構造およびダイヤモンド構造の概要とその表面構造について具体例を挙げながら解説する. 蜂の巣型の2次元構造を基本とするカーボン系物質については, 1.4節で解説する. 化合物結晶や分子結晶では強い結合異方性によって様々な結晶構造をとるが, それらに

[*1] 例えば, 水銀 (Hg), ヒ素 (As), アンチモン (Sb), ビスマス (Bi) は菱面体晶の構造をとる. ベリリウム (Be) は (最密ではない) 六方晶の構造をとる. インジウム (In), スズ (Sn) は正方晶の構造をとる. ポロニウム (Po) は単純立方晶あるいは菱面体晶の構造をとる. マンガン (Mn) は複雑な立方晶系の構造をとる. ガリウム (Ga) は4種類の準安定構造が共存する.

[*2] 天然にはまれだが, 六方晶ダイヤモンド (ロンズデーライト) の構造も存在する.

関する話題は割愛する．

1.2.1 体心立方構造

リチウム (Li)，ナトリウム (Na)，カリウム (K)，セシウム (Cs)，バリウム (Ba)，バナジウム (V)，ニオブ (Nb)，タンタル (Ta)，クロム (Cr)，モリブデン (Mo)，タングステン (W)，ルビジウム (Rb)，鉄 (Fe)，タンタル (Ta) などの単体結晶では，常温常圧下で体心立方構造 (body-centered cubic, bcc) が最安定となる．慣用単位格子の原子配置は図 1.1 に示すとおりになる．この構造は立方晶系であり，三つの基本並進ベクトルが互いに垂直で同じ長さを持つ．格子定数を 1 に規格化した内部座標系で表示すると，格子の 8 個の頂点 $[0,0,0]$，$[1,0,0]$，$[0,1,0]$，$[0,0,1]$，$[1,1,0]$，$[1,0,1]$，$[0,1,1]$，$[1,1,1]$，および中心 $[\frac{1}{2},\frac{1}{2},\frac{1}{2}]$ に原子が配置する．これらの原子位置を与える格子は体心立方格子と呼ばれる．1 個の原子に 8 個の原子が配位している．頂点の座標は周期的に等価であり，頂点に配置された原子の単位格子内を占める体積は $\frac{1}{8}$ 個分である．したがって，単位格子内の原子数は 2 個である[*3]．

結晶面は，それに垂直なベクトルが $[\frac{1}{l},\frac{1}{m},\frac{1}{n}]$ であるとき，面指数 (lmn) で表示される[*4]．この表示をミラー指数 (Miller index) と呼ぶ．ここで，l，m およ

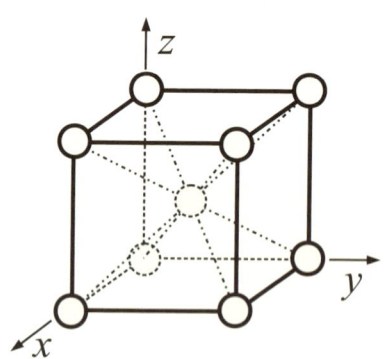

図 1.1 体心立方構造の単位格子模型

[*3] 基本単位格子（最小の体積を持つ単位格子）は $[-\frac{1}{2},\frac{1}{2},\frac{1}{2}]$，$[\frac{1}{2},-\frac{1}{2},\frac{1}{2}]$，$[\frac{1}{2},\frac{1}{2},-\frac{1}{2}]$ の格子ベクトルで与えられ，その中の原子数は 1 個である．

[*4] この規則は逆格子空間での表示に基づく（1.2.5 項参照）．負値の指数は上に棒の付いた数値によって表す．例えば $[-1,1,0]$ 方向に対応する方位指数は $[\bar{1}10]$，面指数は $(\bar{1}10)$ と表す．

1.2 表面の幾何構造

び n は最小の整数値の組で与えられる.一方,結晶の方向指数は,そのベクトルが $[l,m,n]$ であるとき,$[lmn]$ と表示される.そのため,(lmn) 面に垂直なベクトルの方向指数は,l,m および n が 0 または ±1 でない限り,$[lmn]$ ではないことに注意しなければならない.結晶を成長させると,その表面・界面は面平行方向に 2 次元的な原子数密度の高い結晶面に形成されやすい.立方晶では (001),(110),(111) が代表的な面指数である.

(001) 面の構造を図 1.2 に示す.一般的に,体心立方構造を持つ結晶では劈開によってこの面が容易に得られる.$[0,0,1]$,$[1,0,1]$,$[0,1,1]$,$[1,1,1]$ を通る面を第 1 層とし,$z > 1$ を真空として表面を切開すると,第 2 層は $[\frac{1}{2},\frac{1}{2},\frac{1}{2}]$ を通る面である.第 3 層以降は第 1 層と第 2 層の構造の繰り返しである.表面垂直方向からみると,$\vec{A} = [1,0,0]$ と $\vec{B} = [0,1,0]$ のベクトルを単位とする正方格子が $\frac{1}{2}\vec{A} + \frac{1}{2}\vec{B}$ ずつ変位しながら積層した構造として見える.層内の最近接格子間距離は 1 であり,層間距離は $\frac{1}{2} = 0.5$ である.層内原子数密度は 1 である.第 1 層の原子に対する配位数は 4 であり,第 2 層以降の原子に対する配位数はバルク結晶と同じ 8 である.

(110) 面の構造を図 1.3 に示す.$[1,0,0]$,$[1,0,1]$,$[0,1,0]$,$[0,1,1]$,$[\frac{1}{2},\frac{1}{2},\frac{1}{2}]$ を通る面を第 1 層とし,$[1,1,0]$,$[1,1,1]$ の格子点を真空側として表面を切開すると,第 2 層は $[0,0,0]$ を通る面である.第 3 層以降は第 1 層と第 2 層の構造の

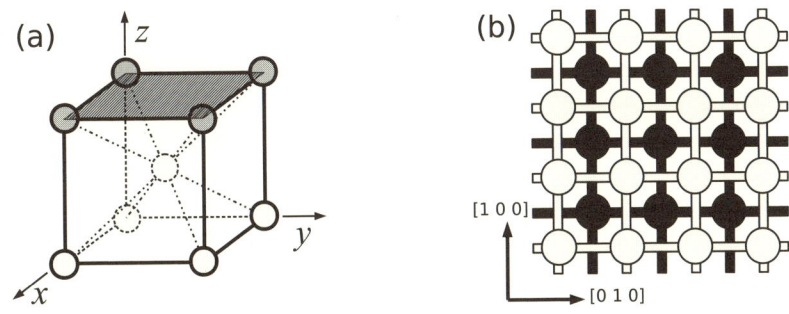

図 1.2 体心立方構造 (001) 面

(a) 結晶において $[0,0,1]$,$[1,0,1]$,$[0,1,1]$,$[1,1,1]$ を通る面.面上の原子を灰色で示している.(b) 表面垂直方向からみた構造.白丸と黒丸はそれぞれ第 1 層と第 2 層の原子を表す.白棒と黒棒はそれぞれ第 1 層と第 2 層における面内の近接原子間を結ぶ格子を示す.$[100]$ と $[010]$ の方位は表面に対して平行である.

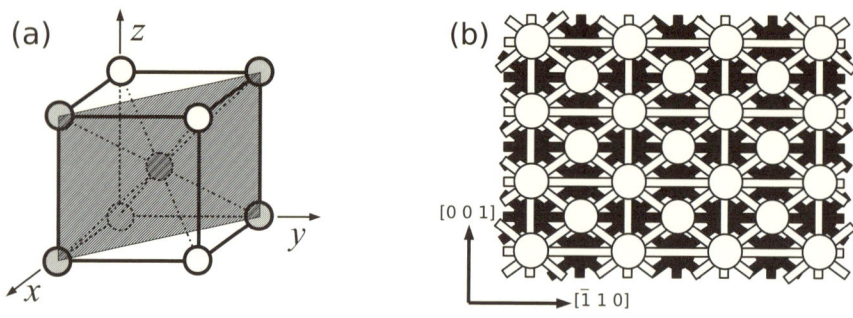

図 1.3 体心立方構造 (110) 面
(a) 結晶において $[1,0,0]$, $[1,0,1]$, $[0,1,0]$, $[0,1,1]$, $[\frac{1}{2},\frac{1}{2},\frac{1}{2}]$ を通る面. (b) 表面垂直方向からみた構造. $[0\,0\,1]$ と $[\bar{1}\,1\,0]$ の方位は表面に対して平行である.

繰り返しである. 表面垂直方向からみると, $\vec{A} = [0,0,1]$ と $\vec{B} = [-1,1,0]$ のベクトルを単位とする面心直方格子が $\frac{1}{2}\vec{A}$ (あるいは $\frac{1}{2}\vec{B}$) ずつ変位しながら積層した構造として見える. 層内の最近接格子間距離は $\frac{\sqrt{3}}{2} \simeq 0.87$ であり, 層間距離は $\frac{\sqrt{2}}{2} \simeq 0.71$ である. 層内原子数密度は $\sqrt{2} \simeq 1.41$ である. 第 1 層の原子に対する配位数は 6 であり, 第 2 層以降の原子に対する配位数はバルク結晶と同じ 8 である.

(111) 面の構造を図 1.4 に示す. $[0,1,1]$, $[1,0,1]$, $[1,1,0]$ を通る面を第 1 層とし, $[1,1,1]$ の格子点を真空側として表面を切開すると, 第 2 層は $[\frac{1}{2},\frac{1}{2},\frac{1}{2}]$ を通る

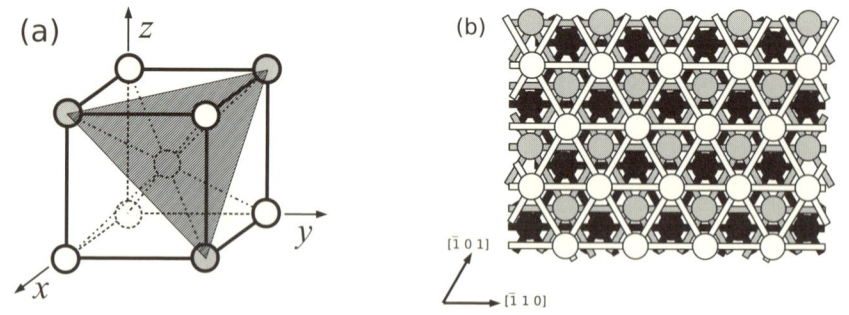

図 1.4 体心立方構造 (111) 面
(a) 結晶において $[0,1,1]$, $[1,0,1]$, $[1,1,0]$ を通る面. (b) 表面垂直方向からみた構造. $[\bar{1}\,0\,1]$ と $[\bar{1}\,1\,0]$ の方位は表面に対して平行である. 白, 灰色及び黒の丸及び棒はそれぞれ第 1 層, 第 2 層及び第 3 層の原子及び格子を表す.

面，また第3層は $[1,0,0]$, $[0,1,0]$, $[0,0,1]$ を通る面である．第4層以降は第1層から第3層までの構造の繰り返しである．表面垂直方向からみると，$\vec{A} = [1,0,-1]$ と $\vec{B} = [1,-1,0]$ のベクトルを単位とする三角格子が $\frac{1}{3}\vec{A} + \frac{1}{3}\vec{B}$ ずつ変位しながら積層した構造として見える．層内の最近接格子間距離は $\sqrt{2} \simeq 1.41$ であり，層間距離は $\frac{\sqrt{3}}{6} \simeq 0.29$ である．層内原子数密度は $\frac{2}{3}\sqrt{3} \simeq 1.15$ である．第1層の原子に対する配位数は4であり，第2層の原子に対する配位数は7であり，第3層以降の原子に対する配位数はバルク結晶と同じ8である．

1.2.2　面心立方構造

アルミニウム (Al)，カルシウム (Ca)，ニッケル (Ni)，銅 (Cu)，ストロンチウム (Sr)，ロジウム (Rh)，パラジウム (Pd)，銀 (Ag)，イリジウム (Ir)，白金 (Pt)，金 (Au)，鉛 (Pb) などの単体結晶では，常温常圧下で面心立方構造 (face-centered cubic, fcc) が最安定となる．慣用単位格子の原子配置は図1.5に示すとおりになる．この構造も体心立方構造と同じく立方晶系である．格子定数を1に規格化した内部座標系で表示すると，格子の8個の頂点 $[0,0,0]$, $[1,0,0]$, $[0,1,0]$, $[0,0,1]$, $[1,1,0]$, $[1,0,1]$, $[0,1,1]$, $[1,1,1]$, および6個の面心 $[\frac{1}{2},\frac{1}{2},0]$, $[\frac{1}{2},\frac{1}{2},1]$, $[\frac{1}{2},0,\frac{1}{2}]$, $[\frac{1}{2},1,\frac{1}{2}]$, $[0,\frac{1}{2},\frac{1}{2}]$, $[1,\frac{1}{2},\frac{1}{2}]$ に原子が配置する．これらの原子位置を与える格子は面心立方格子と呼ばれる．1個の原子に12個の原子が配位している．頂点の座標は周期的に等価であり，頂点に配置された原子の単位格子内を占める体積は $\frac{1}{8}$ 個分である．向かい合う面心の座標は周期的に等価であり，面心に配置された原

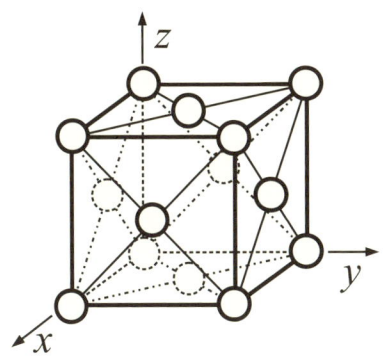

図1.5　面心立方構造の単位格子模型

子の単位格子内を占める体積は $\frac{1}{2}$ 個分である．したがって，単位格子内の原子数は 4 個である[*5]．

(001) 面の構造を図 1.6 に示す．$[0,0,1]$，$[1,0,1]$，$[0,1,1]$，$[1,1,1]$，$[\frac{1}{2},1,\frac{1}{2}]$ を通る面を第 1 層とし，$z>1$ を真空として表面を切開すると，第 2 層は $[\frac{1}{2},0,\frac{1}{2}]$，$[\frac{1}{2},1,\frac{1}{2}]$，$[0,\frac{1}{2},\frac{1}{2}]$，$[1,\frac{1}{2},\frac{1}{2}]$ を通る面である．第 3 層以降は第 1 層と第 2 層の構造の繰り返しである．表面垂直方向からみると，$\vec{A}=[1,0,0]$ と $\vec{B}=[0,1,0]$ のベクトルを単位とする面心正方格子が $\frac{1}{2}\vec{A}$（あるいは $\frac{1}{2}\vec{B}$）ずつ変位しながら積層した構造として見える．層内の最近接格子間距離は $\frac{\sqrt{2}}{2}\simeq 0.71$ であり，層間距離は $\frac{1}{2}=0.5$ である．層内原子数密度は 2 である．第 1 層の原子に対する配位数は 8 であり，第 2 層以降の原子に対する配位数はバルク結晶と同じ 12 である．

(110) 面の構造を図 1.7 に示す．$[1,0,0]$，$[1,0,1]$，$[0,1,0]$，$[0,1,1]$，$[\frac{1}{2},\frac{1}{2},0]$，$[\frac{1}{2},\frac{1}{2},1]$ を通る面を第 1 層とし，$[1,1,0]$，$[1,1,1]$ の格子点を真空側として表面を切開すると，第 2 層は $[0,\frac{1}{2},\frac{1}{2}]$，$[\frac{1}{2},0,\frac{1}{2}]$ を通る面である．第 3 層以降は第 1 層と第 2 層の構造の繰り返しである．表面垂直方向からみると，$\vec{A}=[0,0,1]$ と $\vec{B}=[-\frac{1}{2},\frac{1}{2},0]$ のベクトルを単位とする直方格子が $\frac{1}{2}\vec{A}+\frac{1}{2}\vec{B}$ ずつ変位しながら積層した構造として見える．層内の最近接格子間距離は $\frac{\sqrt{2}}{2}\simeq 0.71$ であり，層間距離は $\frac{\sqrt{2}}{4}\simeq 0.35$ である．層内原子数密度は $\sqrt{2}\simeq 1.41$ である．第 1 層の原子

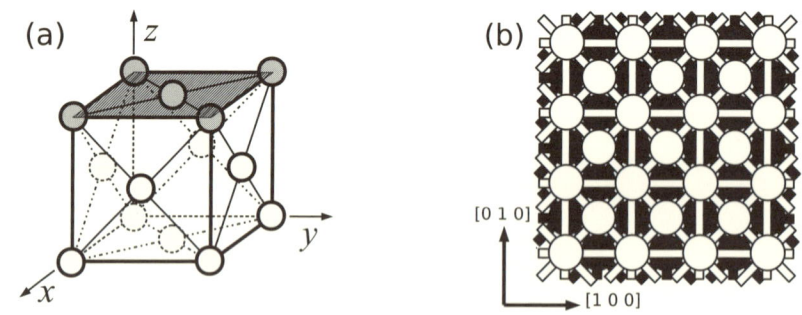

図 1.6　面心立方構造 (001) 面
(a) 結晶において $[0,0,1]$，$[1,0,1]$，$[0,1,1]$，$[1,1,1]$，$[\frac{1}{2},1,\frac{1}{2}]$ を通る面．面上の原子を灰色で示している．(b) 表面垂直方向からみた構造．$[100]$ と $[010]$ の方位は表面に対して平行である．

[*5]　基本単位格子は $[0,\frac{1}{2},\frac{1}{2}]$，$[\frac{1}{2},0,\frac{1}{2}]$，$[\frac{1}{2},\frac{1}{2},0]$ の格子ベクトルで与えられ，その中の原子数は 1 個である．

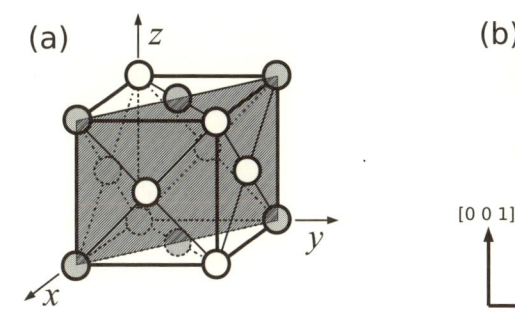
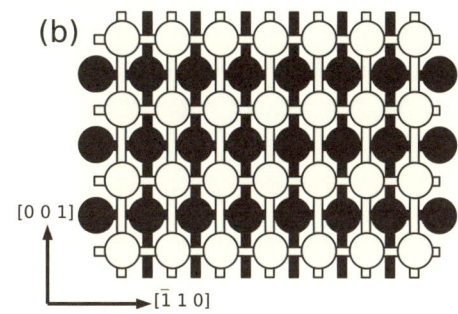

図 1.7 面心立方構造 (1 1 0) 面
(a) 結晶において $[1,0,0]$, $[1,0,1]$, $[0,1,0]$, $[0,1,1]$, $[\frac{1}{2},\frac{1}{2},0]$, $[\frac{1}{2},\frac{1}{2},1]$ を通る面.
(b) 表面垂直方向からみた構造. $[0\,0\,1]$ と $[\bar{1}\,1\,0]$ の方位は表面に対して平行である.

に対する配位数は 7 であり，第 2 層の原子に対する配位数は 11 であり，第 3 層以降の原子に対する配位数はバルク結晶と同じ 12 である.

 (1 1 1) 面の構造を図 1.8 に示す. $[0,1,1]$, $[1,0,1]$, $[1,1,0]$, $[\frac{1}{2},\frac{1}{2},1]$, $[\frac{1}{2},1,\frac{1}{2}]$, $[1,\frac{1}{2},\frac{1}{2}]$ を通る面を第 1 層とし，$[1,1,1]$ の格子点を真空側として表面を切開すると，第 2 層は $[1,0,0]$, $[0,1,0]$, $[0,0,1]$, $[\frac{1}{2},\frac{1}{2},0]$, $[\frac{1}{2},0,\frac{1}{2}]$, $[0,\frac{1}{2},\frac{1}{2}]$ を通る面，また第 3 層は $[0,0,0]$ を通る面である. 第 4 層以降は第 1 層から第 3 層までの構造の繰り返しである. 表面垂直方向からみると，$\vec{A}=[\frac{1}{2},0,-\frac{1}{2}]$ と $\vec{B}=[\frac{1}{2},-\frac{1}{2},0]$ のベクトルを単位とする三角格子が $\frac{1}{3}\vec{A}+\frac{1}{3}\vec{B}$ ずつ変位しながら積層した構造として見える. 層内の最近接格子間距離は $\frac{\sqrt{2}}{2}\simeq 0.71$ であり，層間距離は $\frac{\sqrt{3}}{3}\simeq 0.58$

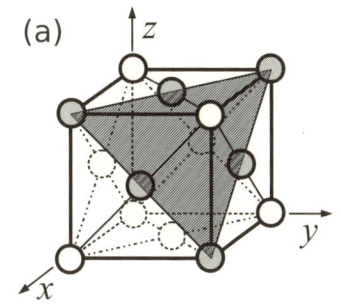
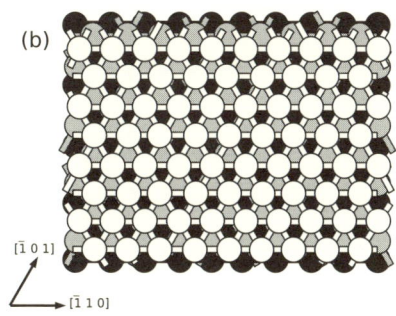

図 1.8 面心立方構造 (1 1 1) 面
(a) 結晶において $[0,1,1]$, $[1,0,1]$, $[1,1,0]$, $[\frac{1}{2},\frac{1}{2},1]$, $[\frac{1}{2},1,\frac{1}{2}]$, $[1,\frac{1}{2},\frac{1}{2}]$ を通る面.
(b) 表面垂直方向からみた構造. $[\bar{1}\,0\,1]$ と $[\bar{1}\,1\,0]$ の方位は表面に対して平行である.

である．層内原子数密度は $\frac{4}{3}\sqrt{3} \simeq 2.31$ である．第 1 層の原子に対する配位数は 9 であり，第 2 層以降の原子に対する配位数はバルク結晶と同じ 12 である．

面心立方構造 (1 1 1) 面に対する投影図は体心立方構造のものと相似的である．同じ格子定数に対する体心立方構造に比べると，面心立方構造では層内密度が 4 倍であり，層間距離が 2 倍である．体心立方構造では最近接原子のうちの 2 個が前後二つ隣の層に配置しているが，面心立方構造ではすべての最近接原子が同一層と隣の層に配置している．

1.2.3 六方最密充填構造

マグネシウム (Mg)，スカンジウム (Sc)，イットリウム (Y)，チタン (Ti)，ジルコニウム (Zr)，ハフニウム (Hf)，テクネチウム (Tc)，レニウム (Re)，ルテニウム (Ru)，オスミウム (Os)，コバルト (Co)，亜鉛 (Zn)，カドミウム (Cd) などの単体結晶では，常温常圧下で六方最密充填構造 (hexagonal close-packed, hcp) が最安定となる．この構造は六方晶系であり，慣用単位格子の原子配置は図 1.9 に示すとおりになる．基本並進ベクトル $\vec{a}$ と $\vec{b}$ が 120° の角度をなし，$\vec{c}$ は $\vec{a}$ および $\vec{b}$ と垂直である．$\vec{a}$ と $\vec{b}$ は同じ長さを持つ．$\vec{c}$ は，理想的な最密充填の場合，$\vec{a}$ および $\vec{b}$ に対して $\frac{2}{3}\sqrt{6} \simeq 1.63$ 倍の長さを持つ[*6]．底面中心の格子を原点にとり $[x\vec{a}+y\vec{b}+z\vec{c}]$

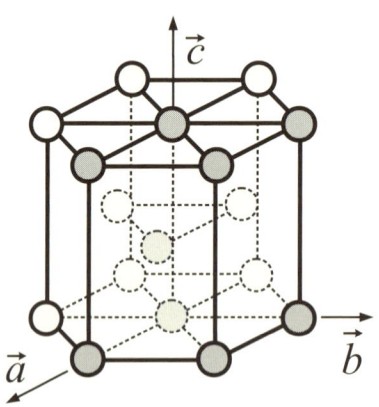

図 1.9 六方最密充填構造の単位格子模型
灰色の球は基本単位格子に含まれる原子を表す．

[*6] 現実にはこれより短くなる場合が多い．

1.2 表面の幾何構造

を $[x, y, z]$ と表記する座標系で表示すると，格子の 12 個の頂点 $[1, 0, 0]$, $[1, 1, 0]$, $[0, 1, 0]$, $[-1, 0, 0]$, $[-1, -1, 0]$, $[0, -1, 0]$, $[1, 0, 1]$, $[1, 1, 1]$, $[0, 1, 1]$, $[-1, 0, 1]$, $[-1, -1, 1]$, $[0, -1, 1]$，中間面上の 3 個の点，$[\frac{1}{2}, \frac{1}{3}, \frac{1}{2}]$, $[-\frac{1}{2}, \frac{1}{3}, \frac{1}{2}]$, $[-\frac{1}{2}, -\frac{2}{3}, \frac{1}{2}]$，および 2 個の底面心 $[0, 0, 0]$, $[0, 0, 1]$ に原子が配置する．六方最密充填構造は $[\frac{1}{3}, \frac{1}{3}, \frac{1}{2}]$ だけ変位した 2 個の六方ブラベー格子の組み合わせで構成される．1 個の原子に 12 個の原子が配位している．頂点に配置された原子の単位格子内を占める体積は $\frac{1}{6}$ 個分である．向かい合う面心の座標は周期的に等価であり，面心に配置された原子の単位格子内を占める体積は $\frac{1}{2}$ 個分である．したがって，単位格子内の原子数は 6 個である．ここで，図 1.9 に示す単位格子を基本並進ベクトル $\vec{a}$, $\vec{b}$ および $\vec{c}$ に対して並進移動させるともとの格子と重なることに注意してほしい．周期構造を作るときは，六方格子での頂点 $[1, 0, 0]$, $[1, 1, 0]$, $[0, 1, 0]$, $[1, 0, 1]$, $[1, 1, 1]$, $[0, 1, 1]$，および底面心 $[0, 0, 0]$, $[0, 0, 1]$ で囲まれる直角柱（図 1.9 の灰色の球を参照）で与えられる基本単位格子を用いる．

六方最密充填構造の結晶方位および結晶面は，4 値で与えるのが慣例である．この表示により，c 軸回りの 3 回回転対称性による同等な面を分かりやすく記述することができる．具体的には，まず $\vec{a}$, $\vec{b}$ および $-(\vec{a}+\vec{b})$ のうち「最も対称性の良い表示ができる」2 個を選び，これらに $\vec{c}$ を加えた 3 個のベクトルに対して方位指数あるいは面指数を与える．このとき，$\vec{a}$ に h，$\vec{b}$ に k，$-(\vec{a}+\vec{b})$ に i，および $\vec{c}$ に l を指数として対応させる．続いて，残った未定の指数を $h+k+i=0$ を満たすように与える．かくして，4 値の方位指数 $[hkil]$ あるいは面指数 $(hkil)$ が定義される．例えば，$[1, 0, 0]$, $[1, 1, 0]$, $[1, 0, 1]$, $[1, 1, 1]$ の格子点を含む面（図 1.9 における真正面の面）およびそれと同等な面を 3 値の指数で与えると，それぞれ，(120), $(\bar{1}10)$ および $(\bar{2}\bar{1}0)$ となる．ところがこれらを 4 値の指数で与えると，それぞれ，$(10\bar{1}0)$, $(\bar{1}100)$ および $(0\bar{1}10)$ と表示され，対称性が一目で認識できる．

(0001) 面の構造を図 1.10 に示す．理想的な六方最密充填構造では (0001) が最も層内原子数密度の高い面指数である．$z=|\vec{c}|$ の面を第 1 層とし，$z>|\vec{c}|$ を真空として表面を切開すると，第 2 層は $z=\frac{1}{2}|\vec{c}|$ の面である．第 3 層以降は第 1 層と第 2 層の構造の繰り返しである．面垂直方向からみると，$\vec{A}=[1, 0, 0]$ と $\vec{B}=[0, -1, 0]$ のベクトルを単位とする三角格子とそれに対して $\frac{1}{3}\vec{A}+\frac{1}{3}\vec{B}$ だけ変位した格子が交互に積層した構造として見える．層内の最近接格子間距離，層

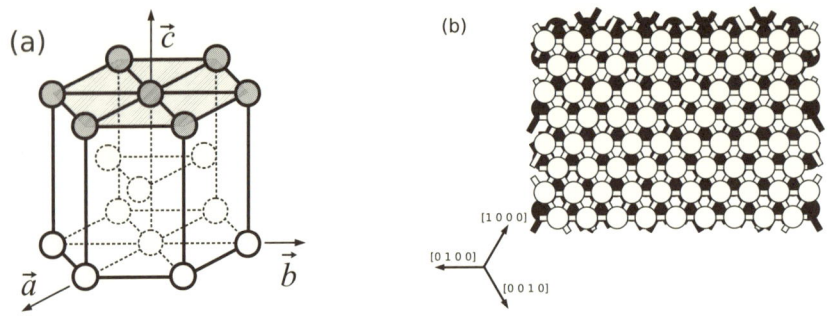

図 1.10 六方最密充填構造 (0001) 面
(a) 結晶図における $z = |\vec{c}|$ の面. (b) 表面垂直方向からみた構造. [1000], [0100] と [0010] の方位は表面に対して平行である.

内原子数密度および層間距離は,等価な格子定数 ($|\vec{a}| = |\vec{b}| = \frac{1}{2}\sqrt{2}$ に対応) に対する理想的な六方最密充填構造 (0001) 面と面心立方構造 (111) 面において同一となる. また,面心立方構造 (111) 面と同様に,第1層の原子に対する配位数は9 であり,第2層以降の原子に対する配位数はバルク結晶と同じ 12 である. 六方最密充填構造と面心立方構造は共に原子を剛体と仮定したときの最密充填構造である. 面心立方構造 (111) 面では $\frac{1}{3}\vec{A} + \frac{1}{3}\vec{B}$ ずつずれた A, B, C の三角格子が $ABCABCABC\cdots$ と積層するのに対し,六方最密充填構造 (0001) 面では $ABABAB\cdots$ と積層する. そのため,[0001] 方位からみれば,C の位置に穴が見える.

1.2.4 ダイヤモンド構造

ダイヤモンド構造はその名のとおり,炭素 (C) の単体結晶であるダイヤモンドの結晶構造である. IV 族元素の半金属・半導体元素であるシリコン (Si),ゲルマニウム (Ge) の単体結晶では,常温常圧下でダイヤモンド構造が最安定となる. 同じく IV 族元素であるスズ (Sn) も低温 (13°C 以下) ではこの構造をとる.

慣用単位格子の原子配置は図 1.11 に示すとおりになる. この構造は立方晶系であり,格子定数を 1 に規格化した内部座標系で表示すると,面心立方格子上の部分構造 A とそれが $[\frac{1}{4}, \frac{1}{4}, \frac{1}{4}]$ 変位した部分構造 B の重ね合わせで構成される. そのため,単位格子内の原子数は 8 個である. 1 個の原子には sp^3 混成軌道の幾何構造を反映した方位に 4 個の原子が配位している. 各々の原子からみた配位の方

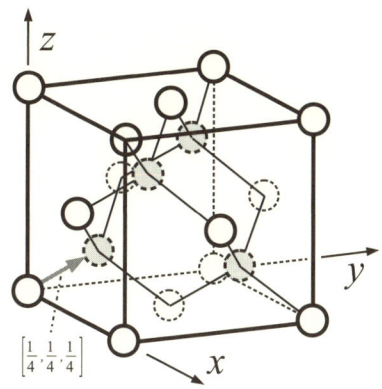

図 1.11 ダイヤモンド構造の単位格子模型

白色の球は面心立方格子上の部分構造 A を表し，灰色の球はそれが $\left[\frac{1}{4}, \frac{1}{4}, \frac{1}{4}\right]$ 変位した部分構造 B を表す．細線は最近接原子間の結合を示す．

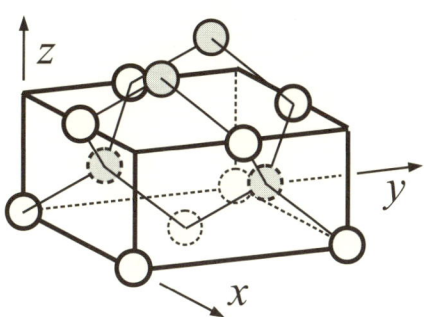

図 1.12 ダイヤモンド構造 (００１) 面の理想構造

向は，属する部分構造によって互いに逆になる．

(００１) 面の理想構造を図 1.12 に示す．この構造は，図 1.11 の慣用単位格子の構造図から上底面 ($z=1$) 以上の原子を消去したものに相当する．その結果，「$z=\frac{1}{2}$ 上の原子で構成する表面上に $z=\frac{3}{4}$ 上の原子が乗った」構造になる．$z=\frac{3}{4}$ の面を第 1 層，$z=\frac{1}{2}$ の面を第 2 層とすると，第 1 層から第 4 層までの構造が第 5 層以降に繰り返される．第 1 層の原子に対する配位数は 2 であり，第 2 層以降の原子に対する配位数はバルク結晶と同じ 4 である．層内の最近接格子間距離は面心立方構造 (００１) 面と同様に $\frac{\sqrt{2}}{2} \simeq 0.71$ であり，層内原子数密度もまた同様に 2 である．層間距離は面心立方構造の半分の $\frac{1}{4}=0.25$ である．

ダイヤモンド構造は共有結合性結晶に特有の構造であり，一般に第 1 層の原子は共有結合性の強い不対電子軌道（ダングリングボンドとも呼ぶ）を持っている（図 1.13(a))．そのため，ここで示した理想構造は不安定であり，現実の物質では第 1 層の原子が再近接同士で一重結合の対（ダイマー）を作る表面再構成によって安定化する（図 1.13(b)). 真空中ではこの構造が安定であるが，依然残留する不対電子軌道は強い反応性を持っており，気体分子が接近すると容易に反応を起こしやすい．例えば水素雰囲気中では水素分子が解離して不対電子軌道を持つ原

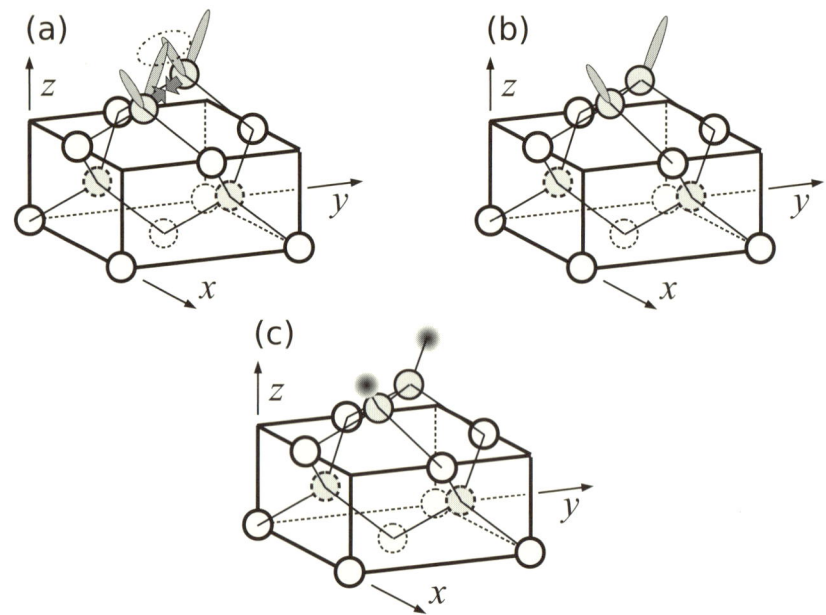

図 1.13 ダイヤモンド構造 (0 0 1) 面の表面再構成と水素終端による安定化
(a) 第 1 層原子の不対電子軌道とそれらの混成によって働く第 1 層原子間の結合力.(b) 清浄表面の安定構造.(c) 水素終端表面の安定構造.ぼかした球は水素原子を表す.

子に吸着すること(水素終端)によって安定化する(図 1.13(c)).

1.2.5 逆格子

結晶の持つ周期構造に由来する物質の性質は,運動量空間表示によって議論する方が有利な場合が多い.表面・界面においても,結晶内部との相互作用や表面・界面内の 2 次元構造に由来する性質など,運動量空間表示によって有利に議論を展開できる場合が多々ある.特に電磁波や電子線などの回折を用いた実験手法による構造解析においては,運動量空間における情報が直接得られる.運動量空間表示を導入することの大きな利点は,波数ベクトル $\vec{k}$ に対する波動関数 $e^{i\vec{k}\cdot\vec{r}}$ で特徴付けられる自由運動からの類推として電子などの量子力学的運動を記述できることである.

基本ベクトル $\vec{a}_1$,$\vec{a}_2$ 及び $\vec{a}_3$ と整数の組 (n_1, n_2, n_3) に対して $\vec{R} = n_1\vec{a}_1 + n_2\vec{a}_2 + n_3\vec{a}_3$ の格子点で特徴付けられた周期構造を考える.完全な並進対称性を

持つ自由空間では直交座標系に対するフーリエ変換によって運動量空間表示に移行できるが,周期構造の空間 $\vec{r} = r_1\vec{a}_1 + r_2\vec{a}_2 + r_3\vec{a}_3$ においては,$\vec{r} \to \vec{r} + \vec{R}$ の変位に限定された対称性のみが存在するため,運動量空間表示への移行に際して工夫が必要である.この問題を解決するのが「逆格子」の導入である.逆格子の基本ベクトル $\vec{b}_1$,$\vec{b}_2$ 及び $\vec{b}_3$ は

$$\vec{b}_1 = 2\pi \frac{\vec{a}_2 \times \vec{a}_3}{\vec{a}_1 \cdot (\vec{a}_2 \times \vec{a}_3)} \tag{1.1}$$

$$\vec{b}_2 = 2\pi \frac{\vec{a}_3 \times \vec{a}_1}{\vec{a}_1 \cdot (\vec{a}_2 \times \vec{a}_3)} \tag{1.2}$$

$$\vec{b}_3 = 2\pi \frac{\vec{a}_1 \times \vec{a}_2}{\vec{a}_1 \cdot (\vec{a}_2 \times \vec{a}_3)} \tag{1.3}$$

で与えられる.逆格子への対語として,実空間のブラベー格子を直接格子と呼ぶ.$\vec{R}$ は直接格子ベクトルと呼ばれる.同様の方法で逆格子から「逆格子の逆格子」への変換を行うと,それは直接格子への逆変換と等価となる.格子定数が a の単純立方格子(立方体の各頂点のみが格子点)の逆格子は格子定数 $\frac{2\pi}{a}$ の単純立方格子である.体心立方格子と面心立方格子は互いに逆格子の関係にある(直接格子空間における格子定数が a の場合,逆格子空間における格子定数は $\frac{4\pi}{a}$ である).格子定数が a と c の六方ブラベー格子の逆格子は格子定数が $\frac{4\pi}{\sqrt{3}a}$ と $\frac{2\pi}{c}$ で c 軸の回りに 30° 回転した六方ブラベー格子である.

整数の組 (n_1, n_2, n_3) に対するベクトル $\vec{G} = n_1\vec{b}_1 + n_2\vec{b}_2 + n_3\vec{b}_3$ は逆格子ベクトルと呼ばれる.逆格子ベクトルと直接格子ベクトルは $\mathrm{e}^{i\vec{G}\cdot\vec{R}} = 1$ の関係を満たす.逆格子空間 $\vec{k} = k_1\vec{b}_1 + k_2\vec{b}_2 + k_3\vec{b}_3$ は $\vec{k} \to \vec{k} + \vec{G}$ の変位に限定された並進対称性を持つ(すなわち逆格子もブラベー格子の一種である).逆格子空間はウィグナー・ザイツ (Wigner-Seitz) 胞(格子点を一つだけ含み,かつその周りの格子点との間の垂直二等分面で囲まれた領域:ブラベー格子の対称性を備えた基本単位格子)の周期的な繰り返しである.逆格子のウィグナー・ザイツ胞は第 1 ブリルアン (Brillouin) ゾーンと呼ばれ,結晶内部の電子状態の記述などによく用いられる.

表面・界面内の 2 次元構造に対しては,2 次元逆格子を定義することもできる.$\vec{a}_1$ 及び $\vec{a}_2$ で張られる面に対する 2 次元逆格子の基本ベクトル $\vec{b}_1$ 及び $\vec{b}_2$ は,その面に対する単位法線ベクトル $\vec{n}$ を用いて

$$\vec{b}_1 = 2\pi \frac{\vec{a}_2 \times \vec{n}}{|\vec{a}_1 \times \vec{a}_2|} \tag{1.4}$$

$$\vec{b}_2 = 2\pi \frac{\vec{n} \times \vec{a}_1}{|\vec{a}_1 \times \vec{a}_2|} \tag{1.5}$$

で与えられる．

1.3　表面電子状態

表面・界面における電子の振る舞いは，結晶内部の電子状態（バルク電子状態，あるいはバルク状態）からの影響を本質的に受ける．そのため，表面特有の電子状態について述べる前に，結晶の電子状態を記述するバンド理論について要点を解説する．バンド理論に関するより踏み込んだ議論については，他の本[1, 2]を参照されたい．続いて，電子特性の表面方位依存性をもたらす射影バンドギャップや表面状態について解説する．表面状態の主な分類として，「タム状態」，「ショックレー状態」及び「鏡像力表面状態」を挙げ，それらの定義と性質を解説する．近年は第4の表面状態としてトポロジカル絶縁体（量子ホール効果によりバルクが絶縁体的に，表面が金属的になる物質）の表面に関する研究も進んでいるが，本書では割愛する．

1.3.1　結晶の電子特性

電子間にはクーロン相互作用が働くため，結晶における電子の運動は厳密には多体問題である．しかし現実の結晶における電子は互いに避け合うように安定化して，見かけ上の相互作用を小さくしている（相関・交換相互作用による遮蔽）．その結果，本来の電子間相互作用の大部分が電子・原子核間相互作用を見かけ上静的に補正する平均場として取り扱える．また，相関・交換相互作用によるエネルギー利得が仕事関数（結晶中の電子を真空側に引き出すために最低限要するエネルギー）を与える．この場合，第一近似として，個々の電子は平均場で補正された有効静電ポテンシャルの中を独立に運動していると考えることができる（独立電子近似）．この近似は，特に空間的に広がった状態にある電子に対して信頼性が高い．結晶の電子状態を記述するバンド理論はその独立電子近似を基本に構築されている．結晶の有効静電ポテンシャルは結晶構造の対称性を反映した境界条

1.3 表面電子状態

件と共に与えられる．バンド理論に基づけば，結晶内部の電子状態（バルク電子状態，あるいはバルク状態）はその境界条件の下で許される量子状態として決定される．

結晶中では，構成原子の価電子（最外殻に属する電子）軌道が他の原子の価電子軌道と混成することにより，結晶全体に広がった電子状態が形成される．内殻電子は，軌道混成は起こさないが，有効静電ポテンシャルの対称性と周期性を反映した変調を受ける．その結果，周期ポテンシャル $V(\vec{r}) = V(\vec{r} + \vec{R})$ を感じる結晶内部の電子（バルク電子）の波動関数 $\psi(\vec{r})$ は，ブロッホ (Bloch) の定理

$$\psi(\vec{r}) = \mathrm{e}^{\mathrm{i}\vec{k}\cdot\vec{R}}\psi(\vec{r} - \vec{R}) \tag{1.6}$$

を満たし，

$$\psi_{\vec{k}}(\vec{r}) = \sum_{\vec{R}} \mathrm{e}^{\mathrm{i}\vec{k}\cdot\vec{R}}\phi(\vec{r} - \vec{R}) \tag{1.7}$$

の形式に展開される．ここで，$\vec{k}$ は結晶全体に広がった波動を表す波数ベクトルである．$\vec{k}$ の一般型は，逆格子の基本ベクトル $\vec{b}_1$，$\vec{b}_2$ 及び $\vec{b}_3$ を用いて

$$\vec{k} = \frac{n_1}{N_1}\vec{b}_1 + \frac{n_2}{N_2}\vec{b}_2 + \frac{n_3}{N_3}\vec{b}_3 \tag{1.8}$$

で与えられる．(N_1, N_2, N_3) は直接格子の各基本ベクトル方向に対する周期境界条件下での基本単位格子の数，(n_1, n_2, n_3) は量子数（正負の整数）である．$\phi(\vec{r})$ はワニエ (Wannier) 関数と呼ばれ，内殻軌道や局在性の強い d, f 軌道に対してはほぼ原子軌道に等しい形状を持ち，共有結合性結晶における価電子軌道（s, p 軌道）に対しては分子軌道に似た形状を持つ．金属の s 軌道や p 軌道に対するワニエ関数は原子軌道・分子軌道よりも広がった形状を持つ．$\psi_{\vec{k}}(\vec{r})$ は，ワニエ関数に帰属するナノスケールの構造が結晶全体に広がった $\mathrm{e}^{\mathrm{i}\vec{k}\cdot\vec{r}}$ で与えられる包絡線に乗って波打つ形状を持つ（図 1.14 参照）．1 個のワニエ関数に対する $\psi_{\vec{k}}(\vec{r})$ は，波数ベクトル $\vec{k}$ に結びついた固有エネルギー $E_{\vec{k}}$ を持つ電子状態の集合を 1 個形成する．

$E_{\vec{k}}$ の $\vec{k}$ に対する依存性をエネルギー分散関係と呼ぶ．逆格子ベクトルを $\vec{G}$ とすると，波数ベクトル空間は $\vec{k} \to \vec{k} + \vec{G}$ に対する変位に対して不変である．そのため，$\vec{k} + \vec{G}$ に対する $E_{\vec{k}+\vec{G}}$ を第 1 ブリルアンゾーンに移して一つの $\vec{k}$ に対して複数の $E_{\vec{k}}$ を与える表示（還元ゾーン形式）がよく用いられる．系の対称性か

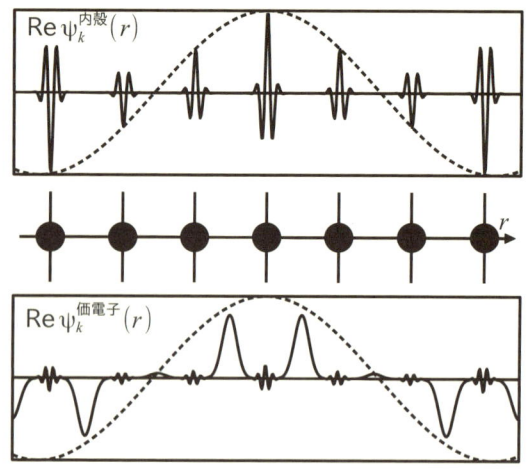

図 1.14 結晶中の電子波動関数の概念図
縦軸は波動関数の実部，横軸は座標 r を示す．上は内殻電子，下は価電子に対する関数を表す．中央は原子位置を示す．破線は $\cos(kr)$ で与えられる包絡線を表す．原子近傍の細かい構造は原子軌道を反映し，下図の原子間の構造は分子軌道（結合軌道）を反映している．

ら，$\vec{k}$ と $-\vec{k}$ に対するエネルギーは等しく，$\vec{G}$ だけ変位した隣のブリルアンゾーンでもその $\vec{k}$ 依存性が繰り返される．するとブリルアンゾーンの境界ではもとのブリルアンゾーンの $\vec{k}$ からの寄与と隣のブリルアンゾーンの $-\vec{k}+\vec{G}$ の寄与が重なり，定在波を形成することになる．これは X 線回折などにおいて知られるブラッグ (Bragg) 反射と等価な現象である．隣り合うブリルアンゾーンからの寄与の重なりは，二つのブリルアンゾーンに起因する電子状態間の縮退を意味する．その縮退が解けることにより，ブリルアンゾーンの境界では固有エネルギーの存在しない領域（エネルギーギャップ）が生じる．その結果，理想的なバルク結晶 ($N_1, N_2, N_3 \to \infty$) では，一つの $\psi_{\vec{k}}(\vec{r})$ に対して連続量の波数ベクトル $\vec{k}$ と固有エネルギー $E_{\vec{k}}$ でつながった集合が複数形成される．この集合の一つ一つをエネルギーバンド（あるいは単にバンド）と呼ぶ．一つの結晶には異なる原子軌道に由来する複数のバンドが共存するが，それらをすべて考慮した上でもすべての $\vec{k}$ に対して固有エネルギーの存在しない領域が現れ得る．この領域をバンドギャップと呼ぶ．バンドギャップ中のエネルギーに対して電子系を記述するシュレーディンガー方程式を「周期境界条件を課さずに」解くと，複素数の $\vec{k}$ を持つ波動関数

が解として得られる．複素数の $\vec{k}$ は $e^{-\mathrm{Im}\,\vec{k}\cdot\vec{r}}$ の包絡線に従って減衰する波を与えるため，周期境界条件を満たすことができず，バルク結晶中には現れない．しかし表面・界面では周期境界条件が課されないため，バンドギャップ中の減衰波が姿を表す場合がある．

自由運動で成立する $E = \frac{\hbar^2|\vec{k}|^2}{2m}$ からの類推により，結晶中の電子運動における見かけの質量（有効質量）m_{ij} がテンソル形式で

$$\frac{1}{m_{ij}} = \frac{1}{\hbar}\frac{\partial^2 E_{\vec{k}}}{\partial k_i \partial k_j} \qquad i, j = 1, 2, 3 \tag{1.9}$$

と与えられる．有効質量は正負のいずれの値も考えられ，特にバンドの上部と下部で逆符号となりやすい．局在性の高いバンドでは有効質量（の絶対値）が大きくなり，バンドのエネルギー幅（バンド幅）は狭くなる．ブリルアンゾーン境界近傍では，定在波の形成を反映して，有効質量が重くなる．

バンドの性質は，有効質量のほか，微小エネルギー領域 $E \sim E + \delta E$ における状態数を表す電子状態密度

$$D(E) = \frac{\delta N(E)}{\delta E} \tag{1.10}$$

によっても特徴付けられる．ここで，$N(E)$ はエネルギー E 以下の全状態数を表す．電子状態密度は有効質量の大きなエネルギー領域では急激に増減し，有効質量の小さな領域では一定になる．

ワニエ関数に寄与する原子軌道の種類によって，形成されるバンドの特徴が異なる．sp混成軌道に由来するバンドはspバンドと呼ばれ，その波動関数は非局在化して（空間的に広がって）いる．非局在化したバンドのエネルギー分散関係と状態密度の特徴を図 1.15(a) に図示する．非局在化した電子状態は有効質量が小さく自由電子に近い性質を持つため，それを反映して広いバンド幅と狭いエネルギーギャップを持つ．電子準位が広いエネルギー領域に分散するため，状態密度の絶対値は小さく，エネルギー依存性も小さい．spバンドの電子間に働く（遮蔽を考慮した後の）有効なクーロン相互作用は小さく，低エネルギーの軌道から順に反対スピンの2電子を占有させた状態が最も低い全エネルギーを与える（パウリ (Pauli) の原理，図 1.16(a)）．金属結晶ではspバンド中にフェルミエネルギーが位置しており，フェルミエネルギー近傍の電子準位が電気伝導に寄与する．

反対に，d軌道やf軌道に由来するdバンドやfバンドはバンド幅が狭く，有

(a) 非局在化したバンド　　　　　　　(b) 局在化したバンド

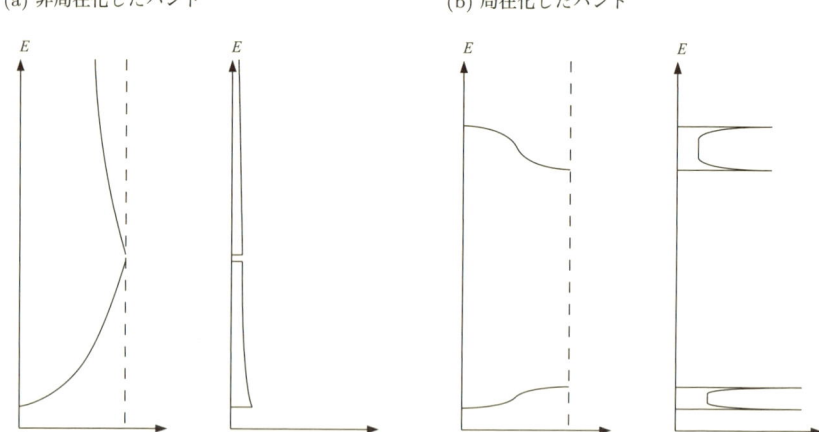

図1.15　エネルギー分散関係と状態密度の概念図
波動関数が (a) 非局在化した，及び (b) 局在化したバンドの場合．それぞれ左図が還元ゾーン形式で表示したエネルギー分散関係 $E(k)$ の $k>0$ 領域，右図が状態密度 $D(E)$ を表す．G はブリルアンゾーンの境界を示す．

効質量が大きく，波動関数が各原子の近傍に局在する．局在化したバンドのエネルギー分散関係と状態密度の特徴を図 1.15(b) に図示する．局在化した電子状態は有効質量が大きく，また結晶構造の対称性がより顕著に波動関数に現れるため，それを反映して狭いバンド幅と広いエネルギーギャップを持つ．電子準位が狭いエネルギー領域に集中するため，状態密度の絶対値は大きく，またエネルギー依存性も大きい．局在化した同一軌道を占めようとする反対スピンの 2 電子間には大きなクーロン反発が働き，全体のスピン多重度を最大化するように同一軌道に 1 電子のみを占有させた状態が最も低い全エネルギーを与える（フント (Hund) の規則，図 1.16(b)）．その結果，各原子の近傍に局在スピンが形成され，磁性や近藤効果などの強相関相互作用をもたらす．遷移金属結晶では d バンド中にフェルミエネルギーが位置しており，フェルミエネルギー近傍の電子準位が電気伝導に寄与する．その他，遷移金属元素を含む化合物結晶でも d バンドの寄与が重要となる場合が多い．ランタノイド以降の元素を含む結晶で現れる f バンドは高い軌道角運動量を持つため，スピン軌道相互作用が重要となる場合がある．例えば，金などの非磁性体の表面・界面でスピン軌道相互作用に起因するスピン偏極が起

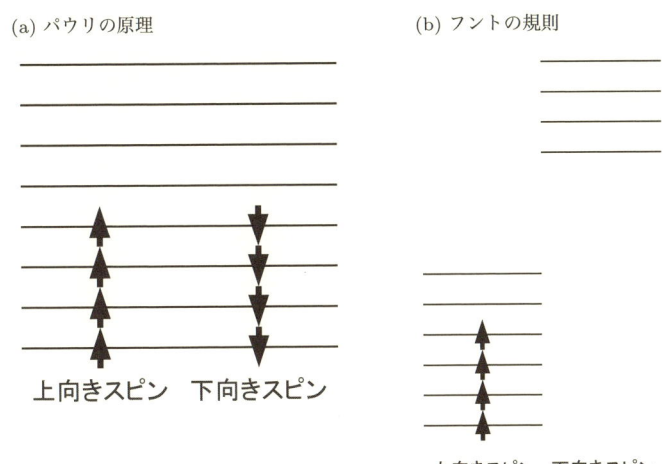

図 1.16　最も低い全エネルギーを与える電子配置の規則
(a) 非局在化した軌道に適用されるパウリの原理．(b) 局在化した軌道に適用されるフントの規則．

こる現象（ラシュバ (Rashba) 効果）が挙げられる．強相関相互作用に起因する特性を理解するためには，単純な（一体的な）バンド理論を越える取扱いが必要である．

　絶対零度で外場の存在しない環境では，結晶中の電子状態はパウリの原理あるいはフントの規則に従った何らかの基底状態をとる．そこに温度上昇や外場印加が起こった場合，電子系は励起状態に移行する．励起電子状態は，基底状態においてフェルミエネルギー以下の準位を占有していた電子がフェルミエネルギー以上の準位に遷移することによって形成される．このとき電子を失ったフェルミエネルギー以下の準位は正電荷を持つ空孔（正孔）として振る舞う．金属では励起電子や正孔に働く電子間クーロン相互作用が電子系の集団振動（プラズマ振動）によって遮蔽されて実効的に弱くなり，それぞれ独立した荷電フェルミ準粒子として運動する．半導体や絶縁体では励起電子と正孔の局在性が強く，（それぞれが独立に運動しようとすると周囲の電子や正孔から強いクーロン反発を受けるため）互いに実効的なクーロン引力を及ぼし合い，束縛状態を形成して一つの中性ボース準粒子（励起子）として運動する場合がある．励起子は励起電子と正孔の間の相対運動を内部自由度として持ち，水素原子の問題と類似したリュードベリ

系列に従う量子準位を形成する．励起子が電子・正孔間の束縛エネルギーよりも大きな内部エネルギーを獲得した場合は，励起電子と正孔が互いに独立した荷電フェルミ準粒子として自由に運動できるようになる．励起状態にある電子系は，電子・格子振動間や電子・電子間の相互作用によって，同程度の全エネルギーを持つ他の励起状態に遷移できるようになる．このとき電子間で運動量とエネルギーの移動を伴う非弾性散乱が起こると，準粒子に有限の寿命を与える．例えば，金属の準粒子はフェムト秒 ($1\,\mathrm{fs} = 10^{-15}\,\mathrm{s}$) からピコ秒 ($1\,\mathrm{ps} = 10^{-12}\,\mathrm{s}$) 程度の寿命を持つ．一般に，準粒子の準位がフェルミエネルギーから遠いほど，非弾性散乱の位相空間（散乱後に取り得る状態の数）が大きいため，寿命が短くなる．束縛状態にある励起子は，そのエネルギー準位がバンドギャップよりも束縛エネルギーの分だけ低くなるため，非弾性散乱を受けにくい．励起子の寿命は主に弾性散乱（粒子のエネルギーと運動量を保って位相だけがフェムト秒からピコ秒の時間領域で変化する散乱）や輻射緩和（自然放射によるナノ秒 ($1\,\mathrm{ns} = 10^{-9}\,\mathrm{s}$) 程度の時間領域で起こる失活）によってもたらされる．

1.3.2 射影バンドと表面状態

バンド分散は（エネルギー E が結晶の対称性を備えた 3 次元ベクトル $\vec{k}$ の関数であるから）結晶方向によって異なる．表面・界面の電子特性は，その法線方向 $\vec{r}_\perp$ や平行方向 $\vec{r}_\parallel$ などの特定の方向に射影したバンド構造の影響を受ける．但し，「$\vec{r}$ 方向に射影したバンド構造」とは，$\vec{r}$ と平行な波数ベクトル $\vec{k}$ に対する $E_{\vec{k}}$ を選択して集めた準位の群によって構成されるバンド構造を意味する．銅の場合を例にとった (111) 面及び (001) 面の法線方向に対する射影バンド構造を図 1.17 に示す．銅の結晶は面心立方構造をとるため，その逆格子は体心立方格子である．[111] 方向に平行な波数ベクトルを表す第 1 ブリルアンゾーン内の点は $[-\frac{1}{2}, -\frac{1}{2}, -\frac{1}{2}]$ から $[0, 0, 0]$ を通って $[\frac{1}{2}, \frac{1}{2}, \frac{1}{2}]$ まで接続する直線上に位置する．また，[001] 方向に平行な波数ベクトルを表す点は $[0, 0, -\frac{1}{2}]$ から $[0, 0, 0]$ を通って $[0, 0, \frac{1}{2}]$ まで接続する直線上に位置する．逆格子空間における対称性の高い点には $\Gamma = [0, 0, 0]$，$\mathrm{L} = [\frac{1}{2}, \frac{1}{2}, \frac{1}{2}]$，$\mathrm{X} = [0, 0, \frac{1}{2}]$ などの記号が割り当てられている．バンド構造を示す図（バンド図）では，図 1.17 の中央に示すように，対称性の高い点をつなぐ直線経路（図では L→Γ→X）上の波数ベクトルに対するエネルギー分散関係を描くのが通例である．

1.3 表面電子状態

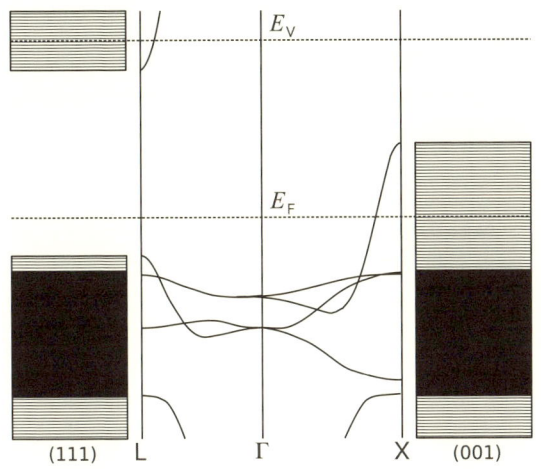

図 1.17 銅の場合を例にとった射影バンド構造
中央図は横軸を逆格子空間における L→Γ→X 経路に沿った波数,縦軸をエネルギーとするエネルギー分散曲線を示す.E_F 及び E_V はそれぞれフェルミエネルギー及び真空準位を示す.左図及び右図はそれぞれ (111) 面及び (001) 面の法線方向に射影したバンドを示す.縞模様の領域と黒色の領域はそれぞれ sp バンド及び d バンドを示す.

Γ→X の経路は [001] 方向に平行な波数ベクトルに対するエネルギー分散関係を示す.フェルミエネルギー E_F を横切る急勾配の線分は sp バンドに対応する.その下のエネルギー領域には勾配の小さい曲線が並ぶが,これらは d バンドに対応する.さらにその下には再び急勾配の線分が現れ,これは sp バンドに対応する.d バンドの現れる領域では,s,p 及び d の間の軌道混成により,1 本の曲線の中で sp 的性質から d 的性質に変化するものがある.E_F 上に sp バンドが存在するため,表面・界面から [001] 方向に入射した E_F 近傍の電子はそのまま結晶を伝播できる.Γ→L の経路は [111] 方向に平行な波数ベクトルに対するエネルギー分散関係を示す.ここには E_F を横切るバンドが現れず,あたかも絶縁体のようなエネルギーギャップ(射影バンドギャップ)を示す.これは,表面・界面から [111] 方向に入射した E_F 近傍の電子が結晶を伝播できず反射されることを意味する.真空準位 E_V(E_F に仕事関数を加算した準位)近傍では,反対に,[111] 方向にはバンドが存在するのに [001] 方向には存在しない.すなわち,E_V 近傍の電子は [111] 方向に入射すればそのまま結晶を伝播できるが,[001] 方向に入射すれば反射されることを意味する.

結晶を切断して表面を形成すると，結晶内部とは異なる境界条件が発生し，表面近傍に束縛された量子状態（表面電子状態，あるいは表面状態）が形成され得る．表面状態は結晶を単純に切断することによって形成される電子状態として定義され，一般的に2次元周期性を持つ．これに対して，表面欠陥や吸着などの表面原子構造に由来する電子状態はバルク結晶の電子特性と直接関連せず，被覆率が低い場合は有意な周期性を持たない．また，一般に，表面の加工や修飾は表面状態の消滅をもたらしやすい．表面状態は射影バンド構造の影響を本質的に受け，例えばCu(111)表面では，$\bar{\Gamma}$ 方向への射影バンドギャップの下端と上端近傍に2次元井戸に束縛された表面状態（ショックレー状態及び $(n=1)$ 鏡像力表面状態）と真空準位 E_V 直下に射影バンドと共鳴した状態（$(n\geq2)$ 鏡像力表面状態）が形成される（1.3.4項参照）．表面状態のエネルギー準位が結晶の射影バンドギャップ中に位置する場合は，結晶中に隠れていた減衰波に接続して，表面近傍に局在した波動関数が形成される．反対にいずれかの射影バンドの中に位置する（すなわちいずれかの射影されたバルク状態と共鳴する）場合は，結晶中の伝播波に接続して，表面近傍に局在した成分を持ちつつバルク側にも広がる波動関数が形成される．共鳴条件下で形成される状態は，エネルギー準位が（電子ボルト程度の）有限幅を持った波束として振る舞うため，この状態に電子や正孔が励起されても表面には（フェムト秒程度の）有限時間しかとどまれない．表面欠陥や吸着などに由来した周期性を持たない表面近傍の電子状態は，結晶の（射影ではない）完全なバンド構造に影響され，例えば金属ではほとんどの場合に共鳴を形成する．

1.3.3 タム状態とショックレー状態

タム (Tamm) 状態とショックレー (Shockley) 状態は，共に，表面から結晶の内側に向けた領域に形成される．元来の定義に基づけば，タム状態は「表面のポテンシャルがバルク中に比べて変調されている場合に，その変調によって発生する電子状態」[3] であり，ショックレー状態は「バルク中のバンド分裂をもたらす要因が表面で解消されることによって発生する電子状態」[4] である．ショックレー状態は，（強い多体相互作用が働かないことを仮定して）原理的に（射影）バンドギャップ中に現れる．しかし，両者の定義はそれぞれ異なる観点から与えられているものであり，現実の電子状態を厳格に分類する基準はない．また，形成機構と物理特性との有意な関連もなく，元来の定義では分類の難しい場合や分類の意

義自体が薄い場合もある．例えば，Si などの共有結合性結晶表面の sp^3 不対電子軌道は，バルク中で分裂している sp バンドの形成への寄与を免れた sp^3 混成軌道として出現するものであるが，局在性が強いために大きなポテンシャル変調を受けている．

　そこで，一般的には，なお議論の余地は残っているが，形成機構よりも物理特性に注目し，強結合あるいは強相関の観点から理解される局在性の強い電子状態がタム状態，ほとんど自由な電子の観点から理解される2次元的に非局在化した（（射影）バンドギャップ中に現れる）電子状態がショックレー状態と呼ばれている．この分類方法に基づくと，例えば Si 表面の sp^3 不対電子軌道はタム状態に分類される．一方，金属表面の場合（Cu(111) の射影 sp バンドギャップ中に現れるショックレー状態や Cu(100) の d バンド中に現れるタム状態など）は，元来の定義に近い観点で形成機構を理解できる．

　タム状態とショックレー状態の概念は，界面の電子状態に対しても適用される場合がある．例えば，金属・半導体界面では半導体側のバンドが曲がってショットキー (Schottky) 障壁が生じるが，この機構を障壁内に形成されるショックレー型の界面準位における電荷蓄積によって説明する理論がある（Bardeen の表面準位模型[5]）．

1.3.4　鏡像力表面状態

　鏡像力表面状態は真空側を運動する電子に働く鏡像力に起因する電子状態であり，表面から結晶の外側に向けた領域に形成される．この状態は，類似した他の電子準位が存在しないので，分光測定などによって同定しやすい．

　金属表面近傍の真空領域を運動する電子は鏡像力によって表面側に引き寄せられる．真空準位近傍のバルク状態が表面垂直方向の運動に対して禁制である（すなわち，表面垂直方向に対して射影バンドギャップが存在する）物質では，表面が壁として働き，鏡像ポテンシャルと壁型ポテンシャルに挟まれた2次元井戸に電子が束縛され得る．この束縛によって形成されるのが鏡像力表面状態である（図 1.18）．鏡像力は原則的に金属表面に特有の機構であるが，絶縁体や半導体でも表面電子分極の機構によって同様な2次元束縛状態が出現し，これらも一まとめに鏡像力表面状態と呼ばれる．

　表面が理想的な剛壁（無限大のバンドギャップに相当）として働く場合，鏡像

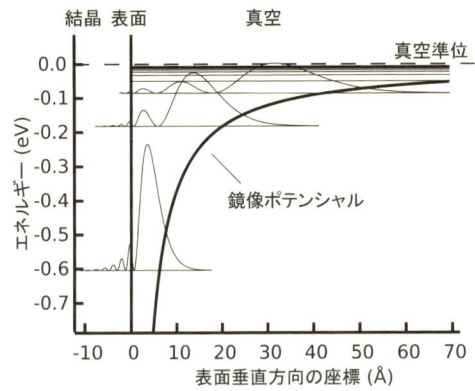

図 1.18　鏡像力表面状態の形成原理

垂直の太線の左側が結晶，右側が真空である．真空側の太線は電子に働く鏡像ポテンシャルを表す．表面は結晶中の禁制帯に起因した実効的な壁型ポテンシャルとして働く．鏡像ポテンシャルと壁型ポテンシャルに挟まれた 2 次元井戸に束縛された量子準位が鏡像力表面状態を示す．

ポテンシャルは表面垂直方向の座標 $z > 0$ に対して $E_{\text{vac}} - Z/z$ で与えられる．ここで，$Z = e^2/16\pi\epsilon_0$ であり，E_{vac} は真空準位，e は素電荷，ϵ_0 は真空中の誘電率を表す．このポテンシャルに対するシュレーディンガー方程式は，電子と原子核の電荷が半分になった場合の水素原子における s 軌道の動径方程式と等価である．そのため，鏡像力表面状態の固有値はリュードベリ系列を形成し，波動関数は s 軌道の動径関数と相似的になる．現実の表面では，射影バンドギャップ内のエネルギー位置にある量子状態の波動関数は結晶内部に減衰波として侵入できる．またバルク電子の波動関数が真空側へ染み出して，表面から数 Å の領域に双極子の層，すなわち電気二重層を形成するため，この領域では鏡像力が消失する．その結果，鏡像力表面状態の固有値は量子数 $n = 1, 2, \cdots$ を量子欠損 a で補正したリュードベリ系列に修正され，

$$E_{\text{vac}} - \frac{mZ^2}{2\hbar^2(n+a)^2} = E_{\text{vac}} - \frac{0.85\,\text{eV}}{(n+a)^2} \qquad (1.11)$$

で表される．ここで，m は電子質量であり，a は通常 0 から 0.5 までの値をとる．

鏡像力表面状態は真空準位近傍に形成されるため，表面系が平衡状態にあるときは電子に占有されていない．また波動関数が真空側に張り出しているため，鏡像力表面状態に励起された電子は散乱を受けにくく，同じエネルギー領域の電子

状態と比べて極めて長い寿命を持つ．

1.4 炭素系物質

　原子間の共有結合の主要な性質は sp 混成軌道の観点から説明できる．sp 混成軌道には単結合の原因になる sp^3 型，二重結合の原因になる sp^2 型，及び三重結合の原因になる sp 型がある．sp^2 型や sp 型の結合を作るためには，混成軌道同士の重なり合いによる σ 結合の形成に加えて，sp 混成に参加していない p 軌道が重なり合って π 結合を形成する必要がある．π 結合は原子半径の小さな元素で形成されやすい．

　IV 族元素は，最外殻の s 軌道と p 軌道からなる八つの価電子状態のうちの四つを価電子で埋めている（すなわち四つの価電子を持つ）ため，いずれの型の sp 混成軌道を形成する場合でも必ず複数の結合手を持つことになる．この特性は，その元素で構造を終端させることを難しくするため，共有結合結晶や巨大分子の形成において有利に働く．そのため，炭素，シリコン，ゲルマニウム，スズは単結合によってダイヤモンド構造の単体結晶を形成することができる．

　IV 族元素の中でも，特に最も原子半径が小さい炭素は，sp^2 型や sp 型の結合を容易に形成する．以上の原子特性により，数多くの元素の中でも，炭素のみが際立って多く（原理的に無数）の同素体を持つ．炭素の同素体は，それらの構造的特徴によって幾つかの種類に分類される．常温常圧下でみられる同素体は，大きな枠組みとして，sp^3 混成軌道に起因する 3 次元構造を基本とするものと，sp^2 混成軌道に起因する 2 次元構造を基本とするものに分類される．3 次元構造を基本とする代表的なものはダイヤモンドである（1.2 節参照）．2 次元構造を基本とする代表的なものは，さらに板状（グラフェン，グラファイト），球状（フラーレン系），筒状（ナノチューブ系）などに分類される[*7]．2 次元構造と 3 次元構造が不規則に混在する結晶構造を持たないアモルファス状態のものは無定形炭素と総称される．フラーレン系は定まった大きさの分子として存在し，その他は 1 次元から 3 次元までの周期構造をとる．常温常圧で最安定の同素体はグラファイト（黒鉛）であるが，炭素原子同士の共有結合は非常に堅牢なため，一般的にいずれ

[*7] ほかにも，角状（ナノホーン）などの多様な構造がある．

の同素体もいったん構造が形成されれば（燃焼などの化学反応が起こらない雰囲気中では）広い温度・圧力領域で共存できる．ダイヤモンド構造については1.2節で既に解説した．本節ではハニカム（蜂の巣）形状を特徴とする2次元構造を持った炭素同位体の代表であるグラファイト及びナノカーボンについて解説する．

1.4.1　グラファイト

　グラファイトは共有結合（σ結合）で形成される層（グラフェンシート）がπ軌道間のファンデルワールス力により結合して積層した物質である．π軌道は層平行方向に広がった形状で互いに重なり合い，半金属的な電気伝導をもたらす．層内における最近接原子間の原子間距離$a \simeq 1.42$ Å は単結合 (1.50 Å) と二重結合 (1.34 Å) の相加平均に該当する．層間距離は$c \simeq 3.35$ Å である．層間の結合が層内に対して十分に弱いため，グラファイト結晶はグラフェンシートを露出するように劈開する．

　図1.19にグラフェンシートの幾何構造を示す．この構造は2次元方向にのみ周期性を持ち，すべての原子が同一面内に存在する完全な2次元系である．図1.19において基本並進ベクトルの起点を原点とし，紙面の右方向にx軸，上方向にy軸をとると，基本並進ベクトル$\vec{a} = [-\frac{3}{2}a, \sqrt{3}a]$と$\vec{b} = [0, -2\sqrt{3}a]$に対して，$[x\vec{a}+y\vec{b}]$を$[x,y]$と表記する座標系で表示すると，単位胞中には$[0,0]$及び$[\frac{2}{3}, \frac{1}{3}]$の位置に原子が配置する．1原子から伸びる三つの共有結合は互いに$120°$の角をなし，6回回転対称性を持つ．この構造はベンゼン環を無限に結合したものに相当する．

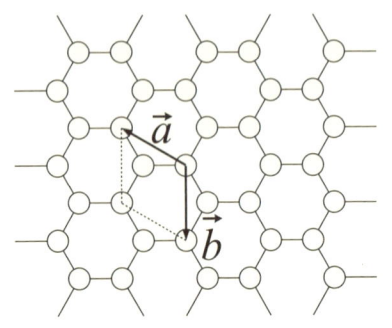

図 **1.19**　グラフェンシートの幾何構造
矢印は基本並進ベクトルを表す．

1.4 炭素系物質

図 1.20 にグラファイトの幾何構造を示す.グラフェンシートの重なり方によって,六方晶の α 型と菱面体晶の β 型が存在する.天然黒鉛のほとんどは α 型である. α 型では層 A に対して $\frac{2}{3}\vec{a} + \frac{1}{3}\vec{b}$ ずれた層 B が $ABABAB\cdots$ とジグザグに積層するのに対し, β 型では $\frac{1}{3}\vec{a} + \frac{2}{3}\vec{b}$ ずれた層 C を加えて $ABCABCABC\cdots$ と回転しながら積層する.図 1.21 にグラファイトの単位格子模型を示す. α 型では,基本並進ベクトル $\vec{a} = [-\frac{3}{2}a, \sqrt{3}a, 0]$, $\vec{b} = [0, -2\sqrt{3}a, 0]$ 及び $\vec{c} = [0, 0, 2c]$ に対して, $[x\vec{a}+y\vec{b}+z\vec{c}]$ を $[x, y, z]$ と表記する座標系で表示すると,単位胞中には格子の各頂点に加え, $[\frac{2}{3}, \frac{1}{3}, 0]$, $[\frac{1}{3}, \frac{2}{3}, \frac{1}{2}]$ 及び $[\frac{2}{3}, \frac{1}{3}, 1]$ の位置に原子が配置する(単位格子内に四つ). β 型では,基本並進ベクトル $\vec{a} = [a, 0, c]$, $\vec{b} = [-\frac{1}{2}a, \frac{\sqrt{3}}{2}, c]$ 及び $\vec{c} = [-\frac{1}{2}a, -\frac{\sqrt{3}}{2}, c]$ に対して, $[x\vec{a}+y\vec{b}+z\vec{c}]$ を $[x, y, z]$ と表記する座標系で表示すると,単位胞中には格子の各頂点に原子が配置する(単位格子内に一つ).

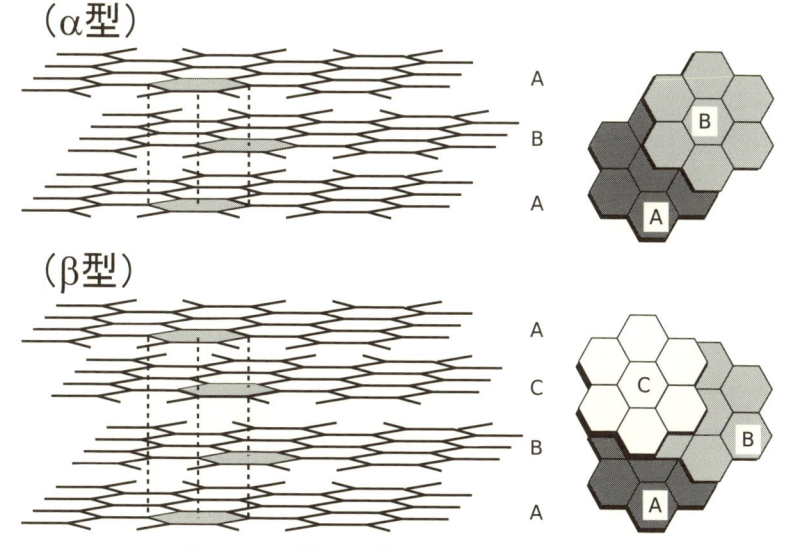

図 1.20 α 型及び β 型グラファイトの積層構造

(左図)層に対して横方向からみたもの.実線は炭素間の共有結合を表す.実線の交点に炭素原子が配置する.灰色に塗りつぶした部分は目印とする六員環を表す.垂直の破線は表示した A 層の六員環の頂点と中心からグラフェンシートに対して垂直に伸ばした補助線である.コンパクトに図示するため,層間方向の縮尺を実際の約半分に縮めている.(右図)層の重なり方を層に対して上方向からみたもの.

(α型)　　　　　　　**(β型)**

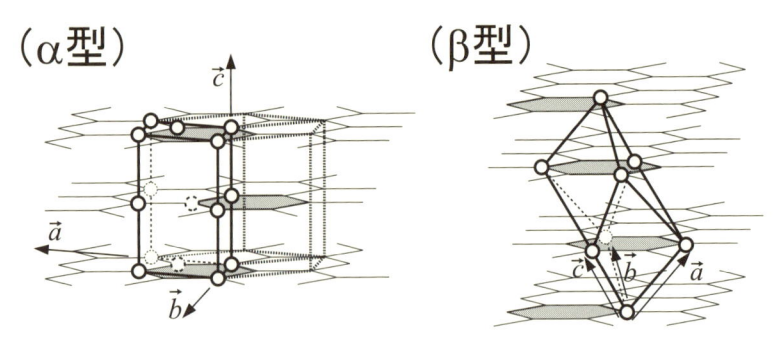

図 1.21　α 型及び β 型グラファイトの単位格子模型
太い実線及び破線は基本単位格子を表す．球は基本単位格子に含まれる原子を表す．細い実線は各層のハニカム構造を示す．α 型における太い破線は六方格子を表す．前の図と同様に層間方向の縮尺を実際の約半分に縮めている．

グラファイトの劈（へき）開面の面指数は，$(0\,0\,0\,1)$ である[*8]．この面の第 1 層はグラフェンシートそのものである．欠陥や不純物のない完全なグラフェンシートは機械的強度と化学的安定性が高く，表面修飾や触媒反応が起こりにくい．逆に，欠陥や不純物が一たび存在すれば，そのサイトは化学的に活性化しやすい．劈開面とは異なる面でグラファイトを切断すると，化学的活性の強いグラフェンシートの縁部が表面に現れる．単体グラフェンシートの縁部は不対 sp^2 混成軌道が露出し非常に不安定であるため，通常は水素終端やその他の原子・分子による化学吸着によって安定化する．また，劈開面に比べて外部から層間への原子・分子の侵入障壁が低くなり，グラファイト層間化合物の生成が容易になる．グラフェンシートの縁部は，図 1.22 に示すように，$[1,0,\bar{1},0]$ の方位をとるとアームチェア端，$[1,\bar{1},0,0]$ の方位をとるとジグザグ端となる．ジグザグ端に対応する縁部や欠陥には，不対 sp^2 混成軌道とは別に，磁気モーメントを持つ局在 π 軌道が表面状態として出現する[6]．この状態は上向きスピンによる磁化と下向きスピンによる磁化が釣り合い，全体として反強磁性の性質を持つ．この局在 π 軌道を水素，酸素やフッ素などで終端すると，1 原子で終端されたサイトと 2 原子で終端されたサイトが混在した構造が形成される．すると，副格子点数[*9]のずれによってス

[*8]　菱面体晶は六方晶と同様に 3 回回転対称性を持つため，そのミラー指数も同様に 4 指数で表示される．具体的には，3 指数表示 $(h'k'l')$ と 4 指数表示 $(h\,k\,i\,l)$ が $h = k' - l'$，$k = l' - h'$，$i = h' - k'$，$l = h' + k' + l'$ の関係で対応する．
[*9]　副格子とは特定の特徴を持った格子点で構成される部分格子のことである．ここでは単位格子中の

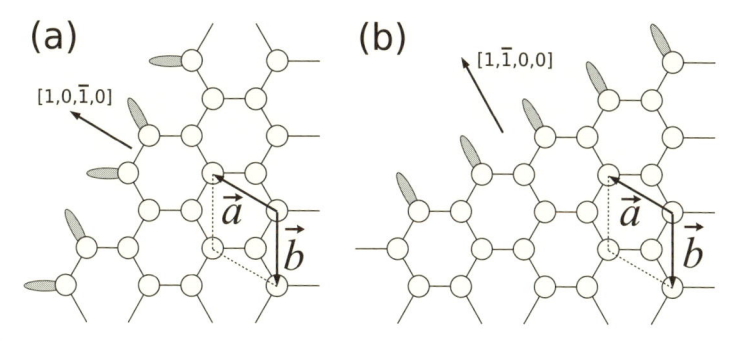

図 1.22 グラフェンシートのグラファイトの (a) アームチェア端及び (b) ジグザグ端における縁部構造

灰色の楕円は不対電子軌道を表す.

ピン分極が起こり，その結果フェリ磁性（互いに磁化の大きさが異なる反対方向のスピンが生じて，全体として磁化した状態）が生じる[7, 8]．この現象はd電子を持たない元素のみによる組成で磁性が生じる例の一つである．

α 型と β 型の劈開面における化学特性はほぼ同様であるが，層を切断する方位の表面では縁部構造によって接触する物質との反応特性に差異をもたらし得る．この構造の差異は，例えば図 1.20 の右図において層 A の下部の六員環 3 個を除去してアームチェア端を作った場合，α 型に比べて β 型では奥に引っ込んだ層 C が追加される構造をとることから理解できる．

1.4.2 ナノカーボン

炭素同素体のうち，少なくとも一方向に対してナノメートル規模の大きさを持つものは，ナノカーボンと総称される．グラファイトから1枚の層を独立して取り出した物質であるグラフェンもナノカーボンの一種である．グラフェンの幾何構造は，sp^2 混成軌道に起因するハニカム構造を基本とした各種同素体の局所的な基本構造に相当する．例えば，カーボンナノチューブはグラフェンを筒状に巻いた構造を持つ物質である．また，フラーレンはグラフェン内に五員環を導入して湾曲させ球状に丸めた構造を持つ物質である．

ハニカム構造を基本としたナノカーボンは，表面のみで独立した固体を形成するため，一般の結晶とは極めて異なる特性を持つ．例えば，表面あるいはサブ表

2個の原子のそれぞれが構成する格子を意味する．

面への原子・分子の吸着が物質全体の特性に大きな影響を与える．その他，伝導特性や磁性などの強相関相互作用についても著しい特徴を持つものがある．例えば，カーボンナノチューブはカイラリティ（グラフェンシートを巻く方位と筒の太さで決まるパラメータ）及び層数により半導体から金属までの広範囲の特性を持つ．グラフェンは，フェルミ準位近傍のエネルギー分散が波数に対して線形となる結果，有効質量 0 の擬似相対論的（ディラック的）電子が電気伝導を担うことなど，従来の金属・半導体の観点では説明できない特異な電子状態を持ち，そのために非常に高い電子移動度・光吸収率や異常量子ホール効果などの特異な電気・光学・磁気特性を示す．

化学反応特性に限定すれば，一般的に，ハニカム構造を基本としたナノカーボンの性質はグラファイトに含まれるグラフェンシートの性質に類似している．ナノカーボン特有の現象については本書の領域を越えるため，詳細説明を割愛する．

1.5　顕微鏡による表面・界面原子スケール構造の測定方法

現実の表面・界面は理想的な切断面になることが少なく，一般的に作成方法や環境に依存して原子スケールの微細構造を持つ．その微細構造における原子配置は表面・界面の特性を本質的に決定する要因の一つである．この構造は光の波長よりも十分に小さいため，光学顕微鏡では分解能の限界（可視光顕微鏡では 100 nm 程度，X 線顕微鏡では 10 nm 程度）により観測できない．光の代わりにより波長の短い電子線を使用する電子顕微鏡ではナノメートル程度の分解能が得られる．透過電子顕微鏡 (transmission electron microscope, TEM) は試料全体に照射して透過した電子線の干渉像を観察する手法であり，1930 年代に発明され商用化された．この手法では物質内部の構造解析が可能（すなわち界面の直接観察が可能）であり，原子スケールの面分解能が得られるが，垂直分解能は 100 nm 程度と優れない．走査電子顕微鏡 (scanning electron microscope, SEM) は電場や磁場を利用した電子レンズによって細く絞り込んだ電子線で試料表面を走査し，試料から放出される電子や電磁波などの強度を照射座標の関数として取得する手法であり，1930 年代に発明され 1960 年代に商用化された．この手法では広範囲の表面に焦点の合った立体像を取得可能であるが，面分解能が 1 nm 程度，垂直分解能が 10 nm 程度であり，原子構造の情報を得ることは困難である．これに対し，先端

1.5 顕微鏡による表面・界面原子スケール構造の測定方法

をナノスケールで尖らせた探針を用いて試料表面を走査する走査プローブ顕微鏡 (scanning probe microscope, SPM) は面分解能と垂直分解能の両方に優れ（オングストローム領域），表面の原子構造を直接取得することができる．SPM には走査トンネル顕微鏡 (scanning tunneling microscope, STM) や原子間力顕微鏡 (atomic force microscope, AFM) などの種類があり，共に 1980 年代に発明され商用化された．

STM は探針を試料表面に接近させ，探針と試料表面との間にバイアス電圧を印加して流れるトンネル電流を測定し，バイアス電圧及び探針座標の関数としてスペクトルや空間像を取得する手法である．微視的には探針最先端の原子から張り出した電子軌道と試料表面から張り出した電子軌道との間のトンネリングによって発生する電流を測定する．測定対象の試料は，電流を検出できるだけの導電性を持つもの（金属，半導体）に限定される[*10]．また，探針・試料間の真空障壁を保つ必要があるため，液体中の測定は困難である．原子の電子軌道は原子半径より離れた領域で指数関数的に減衰するため，トンネル電流が探針・試料間距離に敏感に依存することが高空間分解能を得られる理由である．空間像の測定方法は，探針・試料間距離を固定して電流を記録するモードと，電流を一定に保って探針・試料間距離を記録するモードに大別される．探針位置を固定してバイアス電圧を走査すると，測定対象の電子状態密度をスペクトルとして測定することができる（走査トンネル分光，STS）．また，トンネル電子の非弾性散乱によって振動励起，構造変化，発光が誘起される現象も観測されており，研究者の興味を引きつけている．

AFM はカンチレバーの先に備えた探針を試料表面に接近させ，探針と試料表面との間に働く原子間力によるカンチレバーの変形を測定し，探針座標の関数として空間像を取得する手法である．原子間力はあらゆる物質に働くため，STM とは異なり絶縁体や液体中の試料の測定も容易である．原子間力は，ファンデルワールス力の場合，原子間距離の 6 乗に反比例する．そのため，AFM は STM に次ぐ高空間分解能を得られる．空間像の測定は，カンチレバーの受ける原子間力を一定に保ちつつカンチレバーの相対位置を上下させながら表面を走査することによって行われる．具体的手法としては，カンチレバーを試料に接触させるコン

[*10] 絶縁体でも超薄膜であれば測定可能な場合がある．また，高周波交流電圧を印加する方法により絶縁体での測定の試みも行われている．

タクトモードと，振動させたカンチレバーを試料に接触しない距離に接近させるノンコンタクトモードと，振動させたカンチレバーを試料に間欠的に接触させるタッピングモード（あるいは動的コンタクトモード）が代表的である．コンタクトモードではカンチレバーの変位が固定されており，引きずるように表面を走査するため，技術的に容易であるが，柔らかい試料の測定には向かない．ノンコンタクトモード及びタッピングモードではカンチレバーを共鳴近傍に調整しながら表面を走査するため，柔らかい試料の測定が可能である．タッピングモードは，特に，凹凸の顕著な表面や液中などでの測定に適している．また，カンチレバーに磁性・導電性材料を使用した磁気力や電気力の同時測定や，光学的手法との組み合わせによる複合測定などの拡張的手法も発展している．

　SPMの測定には顕著な量子効果や多体相互作用の効果が現れやすく，得られる空間像やスペクトルとその背後にある現象との対応は必ずしも自明ではない．探針と試料表面との間の相互作用は表面物理学における大きなテーマの一つである．

2

表面と原子・分子の反応

　本章では，表面と原子・分子の反応，すなわち吸着・脱離・散乱における原子論・電子論に基づいた微視的反応機構について，理論・シミュレーションの観点から解説する．

2.1 化学吸着

　表面における触媒作用，腐食，膜成長などは表面とそこに接近する分子との間の化学反応によって起こる現象である．一般に，表面における化学反応は吸着，解離，拡散，会合，脱離，散乱などの素過程の組み合わせとして理解することができる．各々の素過程は電子状態と原子核運動状態の変化の協同現象である．固体や液体のバルク内部の原子・分子は，周囲の原子・分子と結合を作って凝集することにより安定化しているが，表面では凝集が不完全なため余分な自由エネルギーを持つ．このエネルギーは表面エネルギーと呼ばれる．表面に外部から原子や分子が接近すると，その原子・分子と結合を作って吸着し，表面エネルギーの一部を吸着エネルギーとして放出し安定化しようとする．表面に吸着した原子・分子は吸着子と呼ばれる（通常，吸着子は表面とは異種類の元素で構成されるものを指す）．放出された吸着エネルギーは表面や別の吸着子に移動し，その移動先で新たな電子運動あるいは原子核運動の励起を引き起こす．この時励起された吸着子が表面との結合を切るための活性化エネルギーを越えるエネルギーを持ったとき，その吸着子は表面から外部に脱離し得る．吸着子の持つエネルギーが吸着エネルギーより小さく，一方で表面の別原子との間で結合を組み替えるための活性化障壁を越える場合，その吸着子は表面上を拡散し得る．吸着エネルギーが熱揺らぎよりも大きければ熱平衡状態において安定した吸着状態が得られ，その反

対ならば，吸着・脱離が繰り返される．このように，吸着は外部から表面に接近する原子・分子の反応において最も初期段階の素過程であり，反応特性を特徴付ける重要な要素である．

吸着状態には，表面と吸着子の結合距離が各原子の持つ電子雲の広がりと比べて短い短距離型と長い長距離型がある．短距離型は主に原子間の軌道混成によるエネルギー利得が吸着エネルギーを与え，これを化学吸着と呼ぶ．このとき吸着子と表面との間の電子移動によって吸着子とその近傍の表面における原子の電気陰性度の差異に起因する分極が発生し得る．電子移動が大きい場合には吸着子がイオン化し，静電引力による結合の特徴も現れる．長距離型は軌道混成を伴わず，分子間力によるエネルギー利得が吸着エネルギーを与え，これを物理吸着と呼ぶ（次節で解説）．化学吸着では吸着子が表面との結合手を得るために吸着子内部の結合を切り，その結果，吸着子が解離する場合がある（解離吸着）．解離吸着した吸着子は，逆過程を通して再び結合を回復し，脱離する場合がある（会合脱離）．

化学吸着における結合距離近傍での吸着子と表面との間の相互作用は，おおむね結合近傍の電子と原子核の間に働く多体的かつ局所的なクーロン相互作用として記述できる．吸着子は表面から静電引力を受けて表面に近づく（詳細な機構は次節で説明）．表面・吸着子間が原子半径程度まで接近するとパウリ排他律による閉殻同士の反発や電子間のクーロン反発が生じる．表面・吸着子間がさらに接近すると，価電子軌道間の混成によって結合軌道が形成され，そのエネルギー利得による引力が生じる．また，この過程に吸着子構造の変化や解離を伴う場合がある．なお接近を続けると，内殻電子間や原子核間の反発による斥力が生じる．その結果，表面・吸着子間距離に対するポテンシャルエネルギー $U(r)$ は吸着距離 $r_{\rm a}$ からやや離れた距離 $r_{\rm b}$ に障壁を持つ（図2.1参照）．飛来した分子が吸着する場合には，分子が $E_{\rm b1} = U(r_{\rm b}) - U(\infty)$ の活性化障壁を越える運動エネルギーを持たなければならない．逆に吸着子が脱離する場合には，吸着子が $E_{\rm b2} = U(r_{\rm b}) - U(r_{\rm a})$ の活性化障壁を越える運動エネルギーを持たなければならない．分子回転などの自由度を考慮すると吸着時の障壁が回避される吸着系もあり，可逆性を仮定すれば，この系における脱離時の活性化障壁は吸着エネルギー $E_{\rm a} = U(\infty) - U(r_{\rm a})$ に等しくなる．化学吸着は表面の結合手を終端する（吸着エネルギーで表面エネルギーを相殺する）ため基本的に単層吸着に止まる．

吸着距離は結合を担う表面と吸着子の原子の共有結合半径の和に近く，1〜数Å程

2.1 化学吸着

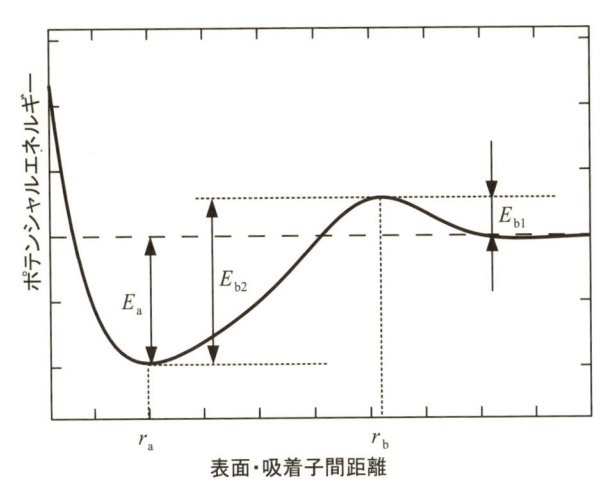

図 2.1 化学吸着におけるポテンシャルエネルギー曲線の概念図
荒い水平線は遠方極限値を示す．r_a と r_b はそれぞれ吸着距離と障壁距離の座標を表す．E_a は吸着エネルギーを表す．E_{b1} 及び E_{b2} はそれぞれ吸着と脱離における活性化障壁を表す．

度である．吸着エネルギーは共有結合エネルギーと同等かやや小さい $0.1 \sim 10$ eV 程度である．吸着距離近傍でのポテンシャルエネルギーの距離依存性は原子間の電子波動関数の重なりでスケーリングされる．一般的な波動関数の裾野は指数関数的に減衰することから，引力部分のポテンシャルエネルギーも距離に対して指数関数的に減衰する．この特徴を反映したポテンシャルエネルギーの簡便な表式として，モース (Morse) 型ポテンシャル

$$U(r) = E\left[e^{-2a(r-r_a)} - 2e^{-a(r-r_a)}\right] \tag{2.1}$$

による現象論的近似がよく用いられる．ここで，括弧内の第 2 項が引力部分を表す．第 1 項は計算上の簡便性から導入された斥力項である．a はポテンシャル井戸の広がりを与えるパラメータである．モース型ポテンシャルは，明確に定義される非調和項を伴った調和振動として記述できるため，吸着距離近傍での振動状態を解析するために便利である．一方で，$r \to +0$ で有限値を持つ漸近的振る舞いが，特に $U(0) \to \infty$ となるべきオントップ吸着（表面一原子の直上への吸着）の場合などに不適切になることに注意すべきである．

現象論的ポテンシャルに基づく解析は動的過程の研究において便利であるが，

安定吸着状態の解析には密度汎関数理論 (density functional theory, DFT) に基づく第一原理計算による手法が主流に用いられている[9, 10]．この方法では，吸着系のおよその原子配置を入力として与えた後，原子核間の古典論的クーロン反発エネルギーと原子核の作る静電場における量子論的な電子エネルギーの和である全エネルギーが極小値をとるように，原子を再配置する．電子エネルギーは電子間の多体相互作用を含んだシュレーディンガー方程式を解くことによって得られる．このときの難関は多体問題である電子間の交換・相関エネルギーを与える項の取扱いである．密度汎関数理論は，系のすべての性質が基底状態電子密度の汎関数として与えられるというホーヘンベルク・コーン (Hohenberg-Kohn) の定理に基づいて，この問題を有効な一体問題の形式に置き換えるための基礎を与える．密度汎関数理論に基づく電子状態計算では，基底状態エネルギーに対する変分原理から得られるコーン・シャム (Kohn-Sham) 方程式を解く．コーン・シャム方程式は一体シュレーディンガー方程式に形式的に同形であり，得られる固有関数と固有値は対応する多体シュレーディンガー方程式の基底状態における電子波動関数と電子準位を近似している．

厳密なコーン・シャム方程式は多体問題をそのまま表現し直しただけなのでその解を得ることは依然困難であるが，交換・相関エネルギー項の近似法に関して非常に有用な展望を与える．代表的な近似の一つが局所密度近似 (local density approximation, LDA) であり，この方法では交換・相関エネルギーを単に電子密度の関数として与える．これは交換・相関エネルギーがそれぞれの位置における電子密度のみによって局所的に決まると仮定する近似である．波動関数の重なりが大きくなる近距離相互作用のみが重要である場合は高精度の計算が可能である．局所密度近似に対して電子密度勾配に依存する項を加え，非局所効果を部分的に取り入れる一般化密度勾配近似 (generalized gradient approximation, GGA) ももう一つの代表的な近似法である．しかし，これらの近似法は，密度勾配近似においても，非局所効果の考慮が不十分であり[*1]，次節で説明するような分散力を導出することができない．また，フェルミエネルギー以上の非占有状態に関する信頼性が低く，非金属物質のバンドギャップを実際よりも低く評価してしまう．こ

[*1] 一般化密度勾配近似が常に局所密度近似に勝るという保証はない．例えば，グラファイトの層間距離が局所密度近似ではほぼ正しく得られるにもかかわらず，一般化密度勾配近似では層間結合自体が再現できない．

れらのように密度汎関数理論は幾つかの未解決課題を抱えるが，化学結合性物質の電子基底状態の解析に対しては非常に高い信頼性が確認されている．したがって，計算機技術の発達した現在においては，電子基底状態にある化学吸着の解析はほぼすべてがこの手法により行われているといってよい．電子励起状態に関する解析は，密度汎関数理論を拡張適用する試みも進んでいるが，計算規模が大きくなりやすく定性的に未解明の問題も多いため，現象論的模型に基づくことが多い（第4章を参照）．

2.2 物理吸着

原子，分子，結晶など，原子核と電子から構成されるおおよそすべての物質間には分子間力が働き，特に原子半径よりも遠く離れた物質間においては主要な引力相互作用となる．固体表面・分子間など，凝縮度の高い表面と凝縮度の低い流体粒子（互いに化学結合していない原子・分子）が引力的な分子間力と電子雲間の反発力の釣り合う距離で結合しているとき，この状態を物理吸着と呼ぶ．一般に，広義の分子間力はファンデルワールス力 (van der Waals force) のほかにイオン間クーロン引力や水素結合力も含むが，物理吸着は通常ファンデルワールス力による結合を意味する[*2)]．分子間力は（同性イオン間反発に影響されて吸着に至らない場合を除き）専ら引力として働くため，物理吸着には原則として活性化障壁が存在しない．

ファンデルワールス力は分子内あるいは希ガス原子内の電荷の偏りに起因する引力の総称である．異種原子によって構成される分子は，電気陰性度の高い原子に電子が集まり，極性分子，すなわち永久多重極子として振る舞う．簡単のため永久双極子の場合を考えると，静止した二つの双極子間のポテンシャルエネルギーは距離の3乗に反比例する．この相互作用による結合エネルギーは非常に小さいため，例えば一般的な液体中では熱揺らぎにより静止状態が保たれずほぼ自由に分子が回転する．回転自由度を考慮に入れて時間平均をとると，有効ポテンシャルエネルギーは距離の6乗に反比例する．この相互作用は双極子・双極子相互作

[*2)] イオンの場合はイオン吸着として区別される場合が多く，機構の詳細によっては化学吸着に分類される．飛来したイオンが電荷状態を変えず吸着する場合は物理吸着的であり，中性粒子が吸着してイオン化する場合は化学吸着的である．

用あるいはケーソム (Keesom) 相互作用と呼ばれる.

極性分子の近傍に位置する無極性中性粒子（分子または希ガス原子）は，極性分子の作る電場によって分極を誘起される．この誘起分極と極性分子との間にも引力が働く．誘起電場の強さが距離の3乗に反比例し，その誘起電場がもとの極性分子と相互作用するため，極性分子と無極性中性粒子の間のポテンシャルエネルギーは距離の6乗に反比例する．この相互作用は誘起双極子相互作用あるいはデバイ (Debye) 相互作用と呼ばれる.

無極性中性粒子間にも，原子核の周りの電子運動に起因した一時的な電気多重極子により，分散力と呼ばれる引力が生ずる．まず簡単のため電子運動を古典力学的に考察すると，原子半径より離れた距離からみた単独の無極性中性粒子（分子または希ガス原子）は時間平均すると中性であるが，瞬間をとらえると分極している．そのため，近づいた無極性中性粒子の間で分極が配向するように電子が周期運動すると仮定すると，その中性粒子間に相互作用が働くことになる．ある瞬間の双極子間ポテンシャルエネルギーは，永久双極子間の場合と同様に，距離の3乗に反比例する．電子は原子核の周りを3次元的に回っているので，その自由度を考慮して時間平均したポテンシャルエネルギーは距離の6乗に反比例する．実は，古典力学の枠内では，上記に仮定した分極の自発的配向が説明できない．しかし，電子座標の量子力学的揺らぎを考慮すると，自発分極として同様の現象が説明できる．量子力学的揺らぎに起因した自発分極間に働く力をロンドン分散力 (London dispersion force) と呼ぶ．ロンドン分散力はすべての種類の原子・分子の間に普遍的に働き，多くの場合ケーソム相互作用やデバイ相互作用と比べて大きな寄与を持つ．狭義のファンデルワールス力はロンドン分散力のみを表す.

以上に述べたとおり，ファンデルワールス力はいずれの機構においても同様な距離依存性を示す．ファンデルワールス力によるポテンシャルエネルギーの簡便な表式として，レナード・ジョーンズ (Lennard-Jones) 型ポテンシャル

$$U(r) = 4\epsilon \left[\left(\frac{\sigma}{r} \right)^{12} - \left(\frac{\sigma}{r} \right)^6 \right] \quad (2.2)$$

による現象論的近似がよく用いられる．ここで，距離 r の6乗に反比例する引力項は双極子間相互作用によるファンデルワールスポテンシャルを表す．距離の12乗に反比例する斥力項は電子雲間の反発力を表すが，その数学的表式は計算上の簡便性から導入されたものである．レナード・ジョーンズ型ポテンシャルは等方

2.2 物理吸着

的な二体間相互作用に基づくものであり，異方性が顕著に現れる一般の物質にはそのまま適用することができない．しかし，経験的には，環境の影響を無視して係数 ϵ と σ は各元素ごとに定義して，有効な原子間相互作用として取り扱う手法が化合物に対してもおおむね成功を収めている．この場合，ϵ と σ は実験的な原子間距離と結合エネルギーを再現するように定義される．希ガスの間に働く相互作用はファンデルワールス力のみであるため，実験との対応は明確である．単体二原子分子を形成する元素では，分子性結晶に対する実験を参照する（このような分子では四重極子の寄与が大きくなるが，係数の補正により双極子間相互作用で近似できると考える）．炭素の場合はグラファイトの層間結合がファンデルワールス力によるため，これをもとに実験との対応付けができる．その他の元素，すなわち単体結晶が共有結合性や金属結合性の場合は実験との対応付けが難しくなり，広く受け入れられる定義方法はまだ存在しない．

密度汎関数理論に基づく第一原理計算では，その実用化された近似法（局所密度近似や一般化密度勾配近似）が局所的相互作用に特化したものであるため，実質的に「第一原理」に基づいてファンデルワールス力を導出することが不可能である．その対策として，例えば原子 i と j の間のファンデルワールスポテンシャルを半経験的な補正項

$$U_d(r) = -s \frac{\sqrt{C_i C_j}}{r^6} \frac{1}{1 - e^{-d[r/(R_i + R_j) - 1]}} \tag{2.3}$$

として付加する手法（Grimme の DFT-D2 法[11]）などが用いられている．ここで s は全体的なスケーリング係数，d は減衰係数，R_i は原子 i のファンデルワールス半径，C_i は原子 i の分散係数を表す．分散係数 (J nm^6 mol^{-1}) はイオン化ポテンシャル I_i（原子単位），双極子分極率 α_i（原子単位），同一周期の希ガス原子番号 N を用いて

$$C_i = 0.05 \, N \, I_i \, \alpha_i \tag{2.4}$$

で与えられる．

希ガス原子や小さい分子が表面に物理吸着する場合は，その吸着子（原子・分子）の近傍の表面原子や他の吸着子との間のファンデルワールス力が引力をもたらしており，希ガス間や分子間の結合と同様に熱揺らぎ程度 (~ 0.01 eV) の結合エネルギーしか持たない．但し，カーボンナノチューブなどの炭素系巨大分子が表面に物理吸着する場合は，それを引き剥がすために必要なエネルギーが接触界

面の原子数に比例して増大するため，非常に強い吸着となり得る．物理吸着では吸着子と表面の間で化学組成の変化を伴わないため，原則として吸着と脱離が可逆に起こり，吸着量はおおむね圧力や温度などの巨視的な統計力学量によって決定される．但し，水素分子が固体表面に物理吸着した状態でオルソ・パラ変換（第3.3節参照）を起こすなど，物理吸着特有の反応がみられることもある．表面に化学吸着する吸着子の場合，活性化障壁を越える前の先駆状態として物理吸着を経由する場合があり得る．物理吸着した吸着子は，さらに別の粒子が近づくときにその粒子に対して分子間力を及ぼすため，多層吸着が可能である．

H_2, NO, CO などの二原子分子が物理吸着する場合は，分子軸を表面垂直に配向した方が表面平行よりもわずかながら安定となる傾向がある．これは，表面垂直配向の場合，分子の反結合軌道と表面電子軌道との間の弱い混成が生じること，分子と表面の閉殻電子軌道間のパウリ反発が表面平行に比べ半分になること，分子の分極に対する表面の誘電応答が強くなることなどの機構により説明できる．

2.3　解離吸着と会合脱離

水素や酸素などの二原子分子と銅などの化学的活性の高い固体表面との相互作用を例に挙げて，解離吸着と会合脱離の機構を説明する．吸着，解離，会合，脱離などの素過程は微視的に電子と原子核の運動状態変化として記述される．電子と陽子（または中性子）の質量比が 1 : 1836 であるため，両者の運動の時間スケールも（過程によって幅があるが）同様に大きく異なる．その結果，第一近似として，電子からみて原子核はほぼ停止していると仮定した断熱近似（ボルン・オッペンハイマー近似，Born-Oppenheimer Approximation）が多くの場合に有効である．この近似を導入すると，ハミルトニアンは電子系に対して

$$\begin{aligned}
&H_e(\vec{R}_1, \cdots, \vec{R}_{N_a}; \vec{r}_1, \cdots, \vec{r}_{N_e}) \\
&= \sum_{i=1}^{N_e} \left[-\frac{\vec{p}_i^2}{2m_e} + \frac{e^2}{4\pi\epsilon_0} \sum_{m=1}^{N_a} \frac{Z_m}{|\vec{R}_m - \vec{r}_i|} + \frac{e^2}{4\pi\epsilon_0} \sum_{j=i+1}^{N_e} \frac{1}{|\vec{r}_i - \vec{r}_j|} \right] \\
&\quad + \frac{e^2}{4\pi\epsilon_0} \sum_{m=1}^{N_a} \sum_{n=m+1}^{N_a} \frac{Z_m Z_n}{|\vec{R}_m - \vec{R}_n|}
\end{aligned} \tag{2.5}$$

原子核系に対して

2.3 解離吸着と会合脱離

$$H_\mathrm{a}(\vec{R}_1,\cdots,\vec{R}_{N_\mathrm{a}}) = -\sum_{m=1}^{N_\mathrm{a}} \frac{\vec{P}_m^2}{2M_m} + V_k(\vec{R}_1,\cdots,\vec{R}_{N_\mathrm{a}}) \qquad (2.6)$$

$$V_k(\vec{R}_1,\cdots,\vec{R}_{N_\mathrm{a}}) = \frac{\langle\psi_k|H_\mathrm{a}(\vec{R}_1,\cdots,\vec{R}_{N_\mathrm{a}})|\psi_k\rangle}{\langle\psi_k|\psi_k\rangle} \qquad (2.7)$$

と与えられる．ここで，状態ベクトル $|\psi_k\rangle$ は演算子 A の要素を

$$\begin{aligned}
&\langle\psi_{k'}|A(\vec{R}_1,\cdots,\vec{R}_{N_\mathrm{a}})|\psi_k\rangle \\
&= \int \mathrm{d}\vec{r}_1 \cdots \int \mathrm{d}\vec{r}_{N_\mathrm{e}}\, \psi_{k'}^*(\vec{R}_1,\cdots,\vec{R}_{N_\mathrm{a}};\vec{r}_1,\cdots,\vec{r}_{N_\mathrm{e}}) \\
&\quad \times A(\vec{R}_1,\cdots,\vec{R}_{N_\mathrm{a}};\vec{r}_1,\cdots,\vec{r}_{N_\mathrm{e}}) \\
&\quad \times \psi_k(\vec{R}_1,\cdots,\vec{R}_{N_\mathrm{a}};\vec{r}_1,\cdots,\vec{r}_{N_\mathrm{e}})
\end{aligned} \qquad (2.8)$$

で与え，系の中に電子は N_e 個，原子核は N_a 個存在し，r_i と R_m をそれぞれ i 番目の電子と m 番目の原子核の座標，p_i と P_m をそれらに対応する運動量と定義している．Z_m は m 番目の原子核の原子番号である．m_e と M_m はそれぞれ電子と m 番目の原子核の質量である．$\psi_k(\vec{R}_1,\cdots,\vec{R}_{N_\mathrm{a}};\vec{r}_1,\cdots,\vec{r}_{N_\mathrm{e}})$ は $H_\mathrm{e}(\vec{R}_1,\cdots,\vec{R}_{N_\mathrm{a}};\vec{r}_1,\cdots,\vec{r}_{N_\mathrm{e}})$ の固有状態 k に対する固有関数であり，スレーター行列式で表される多電子波動関数である．状態 k に対する固有エネルギー $V_k(\vec{R}_1,\cdots,\vec{R}_{N_\mathrm{a}})$ は，そのまま原子核運動に対する断熱ポテンシャルエネルギーを与える．解離吸着と会合脱離は互いに逆過程であり，電子励起の起こらない低速・低エネルギー領域で進行するならば，同一の断熱ポテンシャルエネルギー曲面に基づいて理解することができる．両者の違いは始条件にある．解離吸着では，分子が遠方から表面に向かう運動量とそれに対応する運動エネルギーを持った状態が主要な始条件を与える．会合脱離では，原子が吸着している状態から過程が始まるが，そのままでは活性化障壁を越えないので，原子に運動エネルギーを与えるトリガーが必要である．このトリガーには，例えば，昇温，電子刺激，光刺激等が挙げられる．その実例は，第 4 章で紹介する．

ここで，絶対零度に保たれた金属表面上に水素原子が低速で飛来する問題を考察する．簡単のため，金属原子は水素原子よりも十分に重く，反応の前後と最中において座標が固定されていると仮定する．すなわち，原子核座標系の自由度は水素原子座標 $(\vec{R}_\mathrm{H1},\vec{R}_\mathrm{H2})$ のみとなる．電子系は各々の $(\vec{R}_\mathrm{H1},\vec{R}_\mathrm{H2})$ の組で与えられる原子配置においてエネルギー $V_0(\vec{R}_\mathrm{H1},\vec{R}_\mathrm{H2})$ を持つ基底状態 $k=0$ にある

とする．原子核系に対するハミルトニアンは式 (2.6) から

$$H_\mathrm{a}(\vec{R}_\mathrm{H1}, \vec{R}_\mathrm{H2}) = -\frac{\vec{P}_\mathrm{H1}^2}{2M_\mathrm{H1}} - \frac{\vec{P}_\mathrm{H2}^2}{2M_\mathrm{H2}} + V_0(\vec{R}_\mathrm{H1}, \vec{R}_\mathrm{H2}) \tag{2.9}$$

に簡単化される．ここで M_H1 と M_H2 は水素原子核 1 と 2 の質量であり，分けて与えてあるのは同位体（軽水素，重水素，三重水素）を区別するためである．断熱ポテンシャルエネルギー $V_0(\vec{R}_\mathrm{H1}, \vec{R}_\mathrm{H2})$ は原子核質量に依存せず，座標の交換に対して対称であり，6 次元の自由度を持つ．

入射エネルギーが低い場合，水素原子核はエネルギーの低い原子配置を選ぶように運動する．その結果，水素原子核運動は断熱ポテンシャルエネルギーの谷をたどる反応経路に沿って進行する．原子核座標系の直行座標表示 $\vec{R}_\mathrm{H1} = (x_1, y_1, z_1)$ 及び $\vec{R}_\mathrm{H2} = (x_2, y_2, z_2)$ に対して，相対座標表示 $(X, Y, Z; r, \theta, \phi)$ を導入する．ここで，$(X, Y, Z) = (\vec{R}_\mathrm{H1} + \vec{R}_\mathrm{H2})/2$ は分子の中心座標，(r, θ, ϕ) は表面平行方向に x 軸と y 軸を，垂直方向に z 軸をとった $\vec{R}_\mathrm{H1} - \vec{R}_\mathrm{H2}$ の球座標表示

$$\vec{R}_\mathrm{H1} - \vec{R}_\mathrm{H2} = (r\sin\theta\cos\phi, r\sin\theta\sin\phi, r\cos\theta) \tag{2.10}$$

である．ここで，$r = |\vec{R}_\mathrm{H1} - \vec{R}_\mathrm{H2}|$ は分子内の核間距離，θ は分子軸と z 軸のなす角，ϕ は表面に射影した分子軸と x 軸のなす角を表す（図 2.2）．

二原子分子の解離吸着において主要な自由度は r と Z である．分子が表面から離れているときは，分子軸の向き (θ, ϕ) や表面上に射影した位置 (X, Y) の影響が相対的に小さいため，断熱ポテンシャルエネルギーはほぼ r と Z のみで定義できる．分子が表面に近づくと，分子軸が表面に対して傾いている ($\theta \ll 90°$) 場合は，表面に近い側の原子から表面との相互作用を始める．反対に，分子軸がほぼ表面平行 ($\theta \simeq 90°$) の場合は，二原子が同時に表面との相互作用を始める．例として，表面平行 ($\theta = 90°$) と垂直 ($\theta = 0°$) の場合について求めた銅表面における断熱ポテンシャルエネルギー曲面を図 2.3 に示す．ここで，(X, Y) はブリッジサイト（近接銅原子間を結ぶ直線上の中点）上に，ϕ はその直線に平行な方向を与える角度に固定している．すなわち，分子が中心座標を銅表面原子のブリッジサイト上に固定して表面垂直に運動する場合を仮定し，r と Z の関数として断熱ポテンシャルエネルギー曲面を与えている．水素分子が表面から十分に離れている場合 ($Z \to \infty$)，水素原子間距離は孤立分子の値 $r = 1.40\,\mathrm{a.u.}$ に収束する．水素分子が遠方から表面に接近すると，パウリ排他律による閉殻同士の反発や電子

2.3 解離吸着と会合脱離

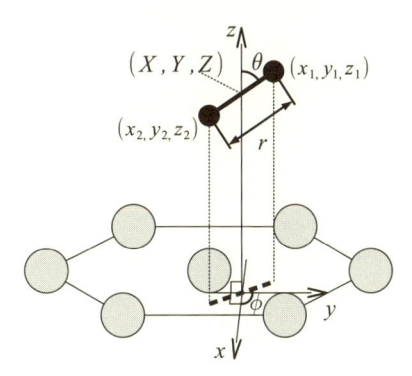

図 2.2 固体表面上に配置する二原子分子の空間座標の概念図
灰色と黒色の円はそれぞれ表面と吸着分子の原子を表す．黒色の円を結ぶ直線は分子軸を示す．灰色の円を結ぶ直線は表面最外層を示す．太い破線は表面最外層に射影した分子軸を示す．単方向に矢印の付いた実線は直行座標軸の方向を示す（交差点は分子軸の中点の表面最外層への射影であり，座標原点を与えるものではない）．(x_1, y_1, z_1) 及び (x_2, y_2, z_2) はそれぞれ吸着分子の原子 1，2 の座標を表す．(X, Y, Z) は分子軸の中点の座標を表す．r は吸着分子の原子間距離，θ は分子軸と z 軸のなす角度，ϕ は表面に射影した分子軸と x 軸のなす角度を表す．

間のクーロン反発により斥力を受け，ポテンシャルエネルギーが増大する．分子軸が平行の場合（図 2.3(a) 参照），共有結合距離 ($Z \simeq 3.0\,\mathrm{a.u.}$) に近づくと，核間距離を広げた方がポテンシャルエネルギーの増大を抑えられるようになる．また核間距離が $r \simeq 2.0\,\mathrm{a.u.}$ を越えると，ポテンシャルエネルギーが減少し始め，$Z \simeq 3.0\,\mathrm{a.u.}$，$r > 5.0\,\mathrm{a.u.}$ で極小に向かう．そのため，ポテンシャルエネルギーの谷（断面の極小）をたどって経路を描くことにより，孤立分子状態と解離吸着状態をつなぐことができる（反応経路）．反対に分子軸が垂直の場合（図 2.3(b) 参照），水素分子が表面に接近するにつれ単調にエネルギーが増加し，核間距離を広げてもポテンシャルエネルギーの増大は変わらない．これは，水素分子が分子内結合を切断し，各々の水素原子が表面原子と結合を形成することを表している．反応経路上のポテンシャルエネルギーの極大点は水素分子の並進運動（Z の変化）と振動運動（r の変化）との間でエネルギー移行が起こる転換点に相当し，そこでのポテンシャルエネルギーが吸着・脱離における活性化障壁（図 2.3(a) の反応経路上では $Z \to \infty$ の値を原点として約 $1.6\,\mathrm{eV}$）を与える．

一般的に，入射分子は有限の並進エネルギーと（量子効果を考えればやはり有

46 2. 表面と原子・分子の反応

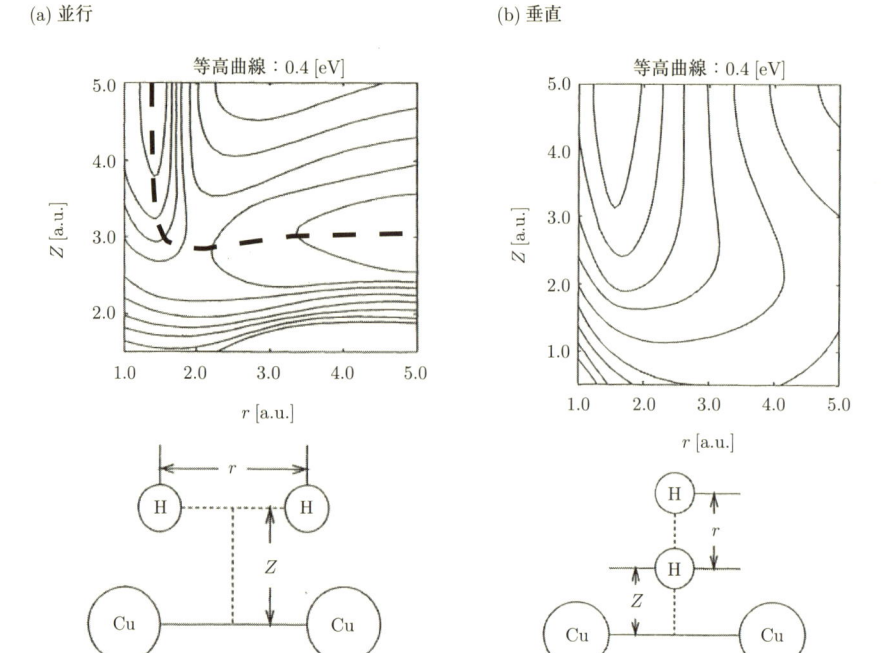

(a) 並行 (b) 垂直

図 2.3 銅表面での水素分子運動において，分子軸を表面に対して (a) 並行，及び (b) 垂直に固定した場合の，r と Z の関数として表した断熱ポテンシャルエネルギー曲面[12,13]（文献[12]より転載）

空間座標は原子単位で表示している．等高線間隔は 0.4 eV である．星印は定義域の範囲内での極小点を示す．(a) の破線は図から求められる反応経路を示す．下の図は座標の定義を表す．

限の）振動エネルギーを持つ．入射分子の全運動エネルギーが等しい場合であっても，並進エネルギーと振動エネルギーの比率が異なれば吸着の起こりやすさが異なる．分子振動が吸着を促進するか阻害するかはポテンシャルエネルギー曲面の形状に依存する．そこで，反応経路の湾曲部分が活性化障壁よりも真空側にあるポテンシャルエネルギー曲面の場合を考察する．分子運動を古典的に考えると，振動していない分子が入射する場合の軌道は図 2.4(a) に示すようになる．この場合，反応経路が曲がり出す前に立ちはだかる障壁に衝突して反射されるため，吸着が起こらない．一方で，分子が振動している場合，軌道が図 2.4(b) に示すように

2.3 解離吸着と会合脱離

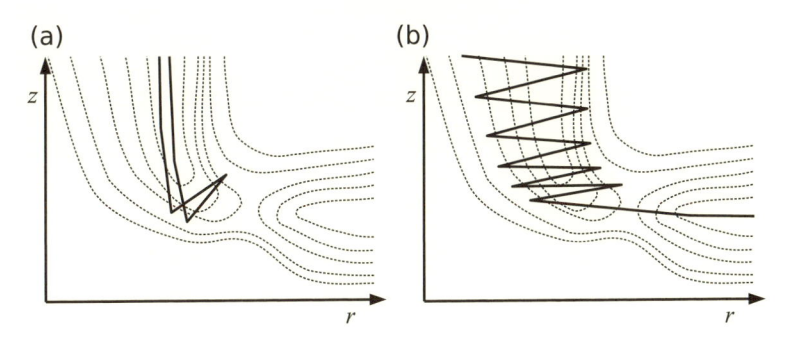

図 2.4 反応経路の湾曲部分が活性化障壁よりも真空側にある場合に入射分子の振動が吸着を補助する機構を示す概念図
破線は r と Z の関数として表した断熱ポテンシャルエネルギー曲面の等高線を示す．太い実線は活性化障壁と同程度の運動エネルギーを持つ入射分子の古典力学的な軌道を示す．(a) 振動していない分子が入射する場合．(b) 振動している分子が入射する場合．

反応経路の湾曲に沿うことができ，孤立分子状態と解離吸着状態をつなぐことができる．この効果は振動補助吸着 (vibrationally assisted sticking, VAS) 効果と呼ばれる．また，吸着状態から分子が脱離するときには，軌道を逆にたどることにより，分子振動が誘起されることも理解できる．この効果は脱離過程での分子振動の加熱 (vibrational heating in desorption) と呼ばれる．ここで示した例とは逆に，反応経路の湾曲部分が活性化障壁よりも表面側にあるポテンシャルエネルギー曲面の場合は，同様の議論から，分子振動による吸着の阻害が予想できる．

ここまでは代表的な二つの分子軸方向に注目したが，現実の吸着・脱離過程ではポテンシャルエネルギーの増大をより回避するように分子軸の回転が起こり得る．この現象はステアリング（舵取り）と呼ばれ，吸着を補助する要因の一つである．分子軸の傾き θ ごとに図 2.3 と同様に r と Z の関数として表した断熱ポテンシャルエネルギー曲面を得ることができ，続いてそれらの曲線上で仮の反応経路を得ることができる．この仮の反応経路上のポテンシャルエネルギーを，その経路に沿って定義した 1 次元座標 s と θ の関数として表すと，図 2.5 に示す 2 次元断熱ポテンシャルエネルギー曲面が得られる．ここで，表面垂直方向に向いた分子が遠方から表面に飛来するとき，その並進エネルギーはその分子軸の傾きにおける活性化障壁より低いが，回転エネルギーを含めた全運動エネルギーは活性化障壁より高い場合を考える．もしステアリングが起こらなければ，この分子は

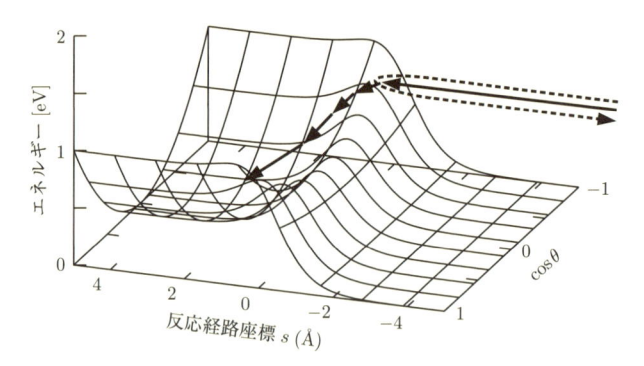

図 2.5 銅表面での水素分子運動における分子軸の傾き θ の関数として表した断熱ポテンシャルエネルギー曲面[12, 14]
縦軸は活性化障壁を原点にとったポテンシャルエネルギーを表す．s は θ を固定した反応経路上の座標を表す（$s \to -\infty$ が $Z \to \infty$ に対応）．実線の矢印は解離吸着におけるステアリングを考慮した反応経路の例を模式的に表す．破線の矢印はステアリングを考慮しない場合の例を示す．矢印の位置は分子の並進運動エネルギーに対応する．

障壁によって反射され吸着することはできない（図 2.5 の破線）．しかしステアリングが起これば，よりポテンシャルエネルギーの低い θ の方向に分子軸の向きを変え，低くなった活性化障壁を越える可能性がある（図 2.5 の実線）．ステアリングの起こりやすさは入射する分子の並進運動エネルギー，振動エネルギー，及び回転エネルギーと回転軸に依存する．分子の回転エネルギーが小さいときは，障壁近傍での運動量が小さくなり運動の方向が変わりやすくなるため，ステアリングが起きやすくなる．

一方で分子の回転エネルギーが十分に大きくなると，吸着を補助する回転・並進運動間のエネルギー移行が起こる．回転エネルギー $I\omega^2/2$ が大きい場合には，表面近傍においても分子回転が自由な回転に近い束縛回転となり，角運動量 $I\omega$ はほぼ保存される．但し，ここで I は分子の慣性モーメント，ω は角速度である．分子が表面に接近すると，r の増加に伴い I が増大する．すると，$I\omega^2/2 = (I\omega)^2/2I$ より回転エネルギーが減少する．減少した回転エネルギーは並進運動に移行する．その結果，分子は活性化障壁を越える並進エネルギーを獲得して吸着することになる．

解離吸着における分子回転の効果をまとめると，回転エネルギーが小さい領域ではステアリングによって，大きい領域では回転・並進運動間のエネルギー移行

によって吸着が補助される．全運動エネルギーがすべてのθに対する活性化障壁より低い場合は吸着が起こらない．ここで，ステアリングの起こる領域とエネルギー移行の起こる領域が明確に分離される場合は，全運動エネルギーが一部のθに対する活性化障壁を越えると，ステアリングの補助による吸着が始まる．回転エネルギーが増加すると，ステアリング効果が消失して吸着が阻害される．さらに回転エネルギーが増加すると，回転・並進運動間のエネルギー移行の補助により吸着が促進され始める．また，吸着状態から分子が脱離するときには，逆過程を考慮することにより，回転エネルギーの小さい分子の脱離が阻害（回転冷却）される一方で，回転エネルギーの大きい分子の脱離が促進（回転加熱）されることも理解できる．

振動の効果には振動補助吸着と振動・並進エネルギー移行の，回転の効果にはステアリングと回転・並進エネルギー移行の相反する要素が絡み合う．また，分子振動・回転はオングストローム領域の空間に束縛された運動であるため，水素はもちろんのこと，比較的重い分子においても本質的に量子化されている．そのため，解離吸着や会合脱離の確率を定量的に評価して微視的機構を理解するためには，量子力学に基づくシミュレーションを実施する必要がある．その実例は，第3章で紹介する．

本節では化学吸着系に特有の現象を考えたが，吸着エネルギーが小さく，活性化障壁の存在しない物理吸着系では，振動・回転運動から並進運動へのエネルギー移動が専ら吸着を阻害する．この機構は，脱離過程においては，振動・回転冷却をもたらす．このように，吸着・脱離確率の内部自由度依存性には吸着機構の特徴が顕著に現れる．

2.4　分子・原子散乱

表面でのイオン・原子・分子ビーム散乱は，表面近傍のナノスケール領域における原子・分子の運動状態変化がもたらす現象であり，吸着・脱離と同様な素過程の組み合わせとして理解できる．ビーム散乱は衝突の前後で粒子（入射するイオン・原子・分子）の並進エネルギーの変化や会合・解離・化学反応などを伴う非弾性散乱と，伴わない弾性散乱に分類できる．触媒反応や原子剥ぎ取りなどの化学反応を伴う散乱は，特に反応性散乱と呼ばれる．衝突によって並進エネルギーが

減少する場合は,その減少分が表面や衝突する粒子の電子励起エネルギーや振動・回転などの原子核運動による内部自由度に対するエネルギー(内部エネルギー)に変換される.逆に並進エネルギーが増加する場合は,その増加分が内部エネルギーから変換される.エネルギー変換にかかわる主要な内部自由度の種類は,入射条件(粒子の並進・内部エネルギーなど)や表面条件(温度など)に依存する.

2.4.1 イオン中性化散乱

入射粒子の電子状態変化を伴う散乱は,表面または粒子が電荷を帯びているか,あるいは電子励起状態にある場合,及び入射粒子の運動エネルギーが大きい(10 eV 以上)場合に起こり得る.その電子励起が表面と粒子の間の電子移動を伴うと,粒子の中性化・イオン化が起こる.陽イオンの中性化散乱における電子エネルギーと原子核並進運動エネルギーの交換の例を図 2.6 に示す.陽イオンが表面に接近すると,イオンの価電子波動関数と表面から染み出した波動関数の間で重なりが生じる.この重なりにより,表面とイオンとの間で電子の飛び移りが可

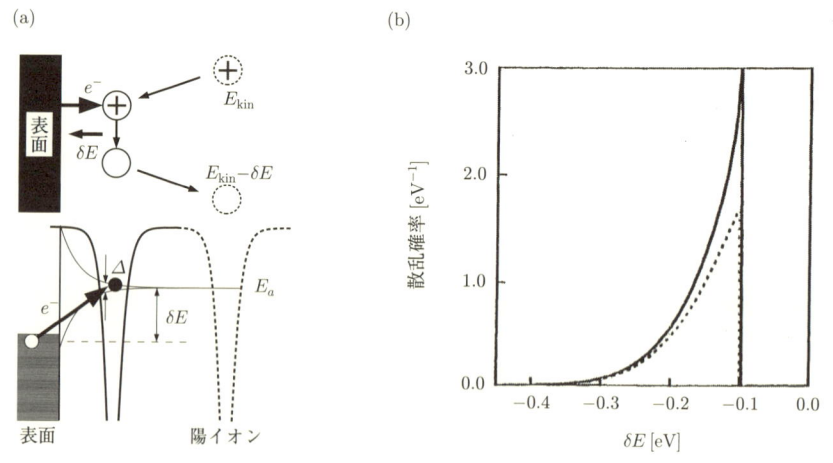

図 2.6 陽イオン散乱における (a) 中性化機構の概念図及び (b) 運動エネルギー $E_{kin} = 100\,eV$ のリチウムイオンの場合の運動エネルギー変化 δE の関数として表した散乱確率(文献[15]より転載)
(a) の下図は電子構造と中性化をもたらす電子遷移を表す.E_a はイオンの価電子準位,Δ はその準位が表面の電子状態と共鳴することによって生じる寿命幅を示す.(b) の破線は表面からイオンへ飛び移った電子がそのままイオン上に残る場合,実線はその電子が一度表面に戻って再びイオンへ飛び移る過程まで含めた場合の値を示す.

能になる．この電子の飛び移りにおいて電子系が δE のエネルギーを獲得する必要がある場合，イオンの原子核運動自由度がそのエネルギー δE を供給する．その結果，運動エネルギー E_{kin} を持って表面に入射したイオンは，運動エネルギー $E_{kin} - \delta E$ を持つ中性原子に変換され，表面から離れていく．

電子運動はイオン運動より十分速いため，表面とイオンとの間で何度も電子が往復する場合がある．特に，価電子準位 E_a が表面状態またはバルクのバンドに重なる場合，電子の空間位置とエネルギーがイオン側と表面側で混ざり合う共鳴状態が形成される．その結果，一度価電子準位に入った電子が一定時間（寿命）を経過すると高い確率で表面側に拡散するようになる．同時に，時間とエネルギーの不確定関係から，価電子準位が寿命幅 Δ を持ってぼやけて見えるようになる．図 2.6 に示すグラフでは，この電子往復の効果を 1 回分考慮する場合としない場合とで，散乱による原子核運動エネルギーの損失を比較している．このグラフにおける実線と破線の差が電子往復の効果を示す．エネルギー移動量 δE が小さいほど電子往復の効果が増しているのは，より共鳴条件に近い状態間で電子遷移が起こっているためである．この条件下での現象を的確に理解するためには，電子往復を多くの回数まで考慮する必要がある．発展した理論技術に関しては，第 4 章で解説する．

2.4.2 回転励起散乱

通常，分子の内部自由度のエネルギー領域は回転，振動，電子運動の順に大きくなる．そこで，振動励起に必要なエネルギーよりも低い並進運動エネルギーを持った低速の入射分子が表面に衝突して散乱される場合を考える．簡単のため表面の内部エネルギー変化を無視すると，入射分子の並進運動エネルギーは散乱分子の並進運動と回転運動にのみ転換され得る．回転励起の確率は入射条件と表面近傍での分子運動に対するポテンシャルエネルギーに依存する．Ag(111) 上での NO 分子の散乱に対する例を図 2.7 に示す．表面を平坦と仮定すると，入射時の分子軸が表面垂直（表面となす角 θ が $0°$ 及び $180°$）の場合は，N 原子と O 原子が共に表面垂直に運動するため，分子には回転運動が生じない．分子軸が表面垂直方向に対して傾きを持つと，衝突時に表面に近い側の原子が表面垂直方向に力を受ける一方で，遠い側の原子は分子間距離を保つように慣性運動を続けようとする．その結果，分子に角運動量 J の回転運動が生じ，それに対する回転エネ

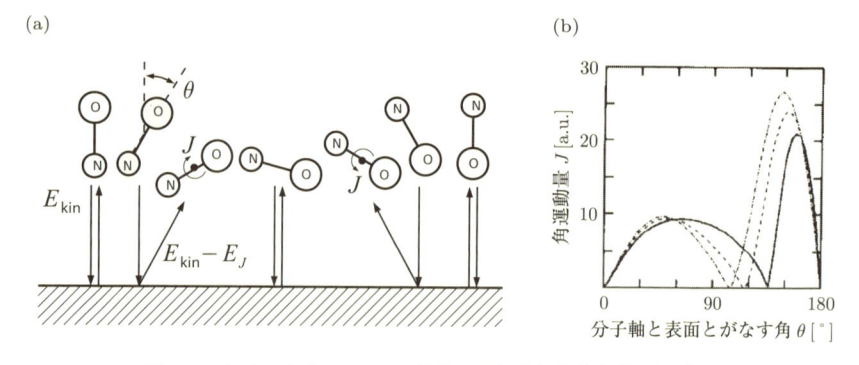

図 2.7 Ag(111) 上での NO 分子の回転励起を伴う非弾性散乱
(a) 左から，入射時の分子軸と表面とがなす角 θ が 0° から 180° までの場合の概念図．E_J は散乱後の角運動量 J に対する回転エネルギーを表す．(b) 古典力学シミュレーションによって示される J の θ 依存性（文献[16]より転載）．実線，破線，及び一点鎖線はそれぞれ入射並進運動エネルギー $E_{\rm kin}$ が 0.1, 0.2, 0.3 eV の場合の値を示す．

ルギー E_J が入射並進運動エネルギー $E_{\rm kin}$ から転換され，散乱後の並進運動エネルギーは $E_{\rm kin} - E_J$ となる．分子軸が表面平行 ($\theta = 90°$) に近づくと，二原子がほぼ同時に表面に衝突する．一様な表面に単体二原子分子が衝突する場合は，$\theta = 90°$ のときに二原子が表面から同じ力を受けるため，分子には回転運動が生じず弾性散乱を起こす．その結果，散乱分子の角運動量は二つの θ においてピークを持つ．異種二原子分子の場合は表面から受ける力が異なるため，弾性散乱角は $\theta = 90°$ からずれる．また，弾性散乱角のずれは表面構造によっても生じ得る．図 2.7(b) に示す古典力学シミュレーションの例では，入射並進運動エネルギー $E_{\rm kin}$ が小さいときに弾性散乱角 θ の 90° からのずれが顕著であることが分かる．この傾向は，入射並進運動エネルギー $E_{\rm kin}$ が小さいほど障壁近傍での運動量が小さくなるため，N 原子と O 原子が表面から受ける力の差異に起因したポテンシャルがエネルギーの起伏の影響を受けやすいことを示している．

回転励起散乱はステアリングの観点から理解することができる．また，H_2 などの同種二原子分子の場合は，同種粒子間の量子論的な不可弁別性の要請から，回転の量子状態と原子核スピンの組み合わせに波動関数の対称性に起因した制約が課され，回転励起エネルギー以下の極低温では核スピンの転換を伴う散乱が起こる．第 3 章では量子ダイナミクス計算に基づいてこれらの効果に関する詳細な解析例を解説する．

2.4.3 振動励起散乱

分子の振動エネルギーは meV から eV の領域にあり，電子状態とのカップリングが散乱に大きくかかわり得る．その一例として，図 2.8 に示す高温の Ag(111) 上における NO 分子の振動励起を伴う散乱について考える．NO 分子は Ag(111) 上に物理吸着する特性を持っているが，その吸着エネルギーが小さい (~0.3 eV) ため，入射分子は衝突の間も表面への束縛をほとんど受けない．散乱前後の NO 分子の飛行時間分布（図 2.8(b)）をみると，散乱分子の回転・振動と並進運動の間に相関がみられない．そのため，散乱分子の運動エネルギーは表面の振動あるいは電子運動との間で転換されることが分かる．表面振動のエネルギーは分子振動よりも一桁程度小さいため，分子振動とのカップリングが主要に期待される相手は電子運動である．

有限温度の金属では，フェルミ準位近傍で電子と正孔が乱雑に散乱を繰り返し，フェルミ分布 $f(E)$ に従う熱揺らぎをもたらしている．NO 分子の $2\pi^*$ 軌道は Ag(111) のフェルミ準位に近く，表面の電子や正孔が熱励起されていると衝突中に $2\pi^*$ 軌道への移動が起こり得る．$2\pi^*$ 軌道は反結合性であり，そこに電子が飛び込むと NO 間の距離を広げる方向に力が生じ，その電子が去ると縮める方向に力が生じる．その結果，表面と分子の間の電子状態の混成が分子振動励起とカップリングを起こす．すなわち，熱励起されている表面の電子が $2\pi^*$ 軌道に飛び込み，その後表面の正孔と結合することで，電子系から分子振動へのエネルギー移動 E_V が起こる．一方で，分子と表面の間の結合はファンデルワールス力に起因しているために電子移動の影響を受けにくく，電子系と分子並進運動とのカップリングは小さい．図 2.8(c) は散乱後の NO 分子が基底振動状態から第一振動励起状態に励起されている割合を表面温度の関数として示している．この割合は表面温度の逆数に対して対数的に減少しているが，この特徴は電子系と分子振動とのカップリングを考慮した理論計算[18]に一致する．このカップリングは振動励起の逆過程をももたらし得るため，入射分子の速度が遅く（並進運動エネルギー E_{kin} が小さく）衝突時間が長い場合は，エネルギーが分子振動から電子系に逆流し拡散する緩和効果が現れて振動励起の確率が減少する．

ここで，飛行時間分布（図 2.8(b)）を見直すと，散乱分子のエネルギー（飛行時間の平方根の逆数に対応）が入射分子と比べて減少していることが分かる．この減少分 δE はファンデルワールス力を介した表面振動へのエネルギー移動など

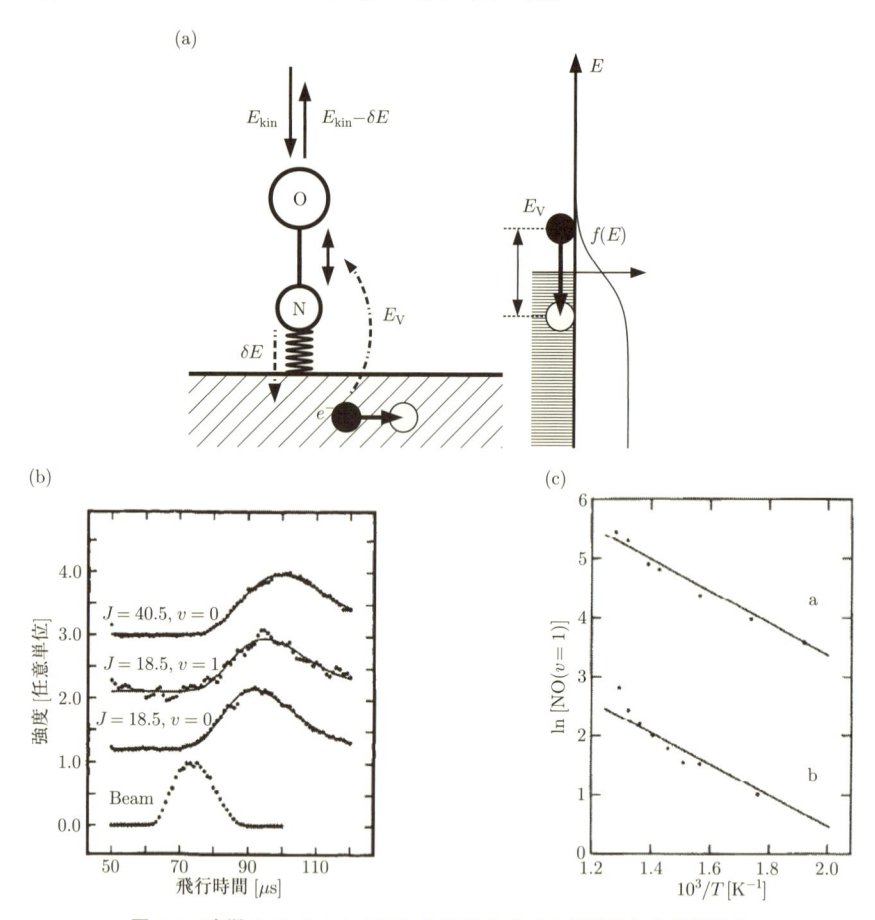

図 2.8 高温の Ag(111) 上における NO 分子の振動励起を伴う散乱
(a) 遠方から並進運動エネルギー E_{kin} を持って飛来した NO 分子が，衝突時に表面電子からエネルギー E_V を吸収して振動励起して散乱される過程の概念図．散乱により，並進運動エネルギーの一部 δE は表面振動などに転換される．右側はフェルミ分布 $f(E)$ に従って熱励起された電子と正孔が結合して E_V を供給する過程を表したエネルギー図である．分子と表面との間の波線はファンデルワールス相互作用を表す．
(b) 散乱前後の NO 分子の飛行時間分布（文献[17]より転載）．温度 760 K，入射・計測角度 15°，入射エネルギー $E_{kin} = 0.94$ eV に対する測定結果である．J と v はそれぞれ散乱分子の回転量子数と振動量子数を示す．「Beam」は入射分子に対するデータである．(c) 散乱後の NO 分子が基底振動状態から第一振動励起状態に励起されている割合（文献[18]より転載）．横軸が表面温度，縦軸が割合の対数値を与える．「a」と「b」はそれぞれ $E_{kin} = 0.989, 0.084$ eV に対する結果を示す．点が実験[19]，実線が理論による結果を示す．

2.4.4 反応性散乱

原子や分子が meV から eV 程度の運動エネルギーを持って表面に入射すると，化学反応を伴った散乱の起こる場合がある．この現象は反応性散乱と総称される．反応性散乱のうち，表面基盤の原子が散乱後にもすべて表面にとどまるものを触媒反応と呼び，表面基盤の原子あるいは吸着原子が剝ぎ取られるものを剝ぎ取り反応と呼ぶ．触媒反応は，例えば排ガスの浄化や化学物質の生産における反応促進及び電池（電極における酸化還元反応が起電力を生む）などの技術において基礎となる過程である．剝ぎ取り反応は，例えば無機物からの有機物合成（水素と二酸化炭素からの蟻酸合成など）やエッチング（腐食作用を利用した表面加工）などの技術において基礎となる過程である．一般に反応性散乱では化学反応によって生成されるエネルギーの多くが散乱分子の運動エネルギーに移行するため，散乱分子は入射時よりも大きな運動エネルギーを持つ（すなわち温度が上昇する）．

触媒反応と剝ぎ取り反応の間の違いは表面基盤原子の最終的な行方のみであり，原子論に基づく理論的取扱いには共通点が多い．そのため，本書では剝ぎ取り反応に注目した解説を行う．剝ぎ取り反応は表面の原子数変化を伴うため，巨視的には表面から流動性の高い相（固相・気相界面の場合は気相）へ原子が拡散する非平衡現象である．微視的には幾つかの機構が提案されている．表面に飛来した原子・分子が表面に吸着することなく直接表面原子を剝ぎ取って表面を去る機構を，リディール・イーレー (Rideal-Eley) 機構と呼ぶ（図 2.9(a)）．表面に飛来し

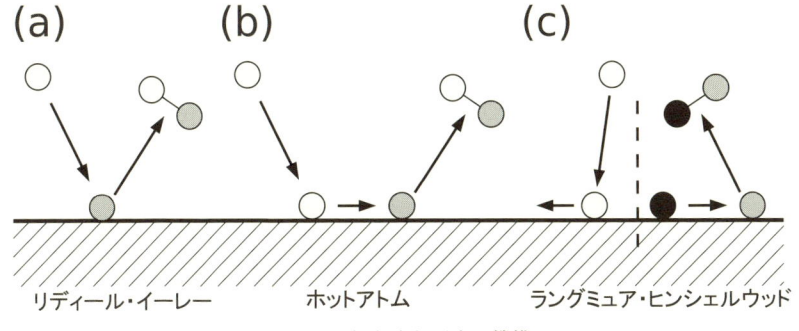

図 2.9 剝ぎ取り反応の機構

た原子・分子が表面にいったん吸着して表面上を運動し，その運動エネルギーが拡散する前に表面原子を剥ぎ取って表面を去る機構を，ホットアトム機構と呼ぶ (図 2.9(b))．表面に飛来した原子・分子が表面にいったん吸着して準熱平衡に達し，その後表面原子を剥ぎ取って表面を去る機構を，ラングミュア・ヒンシェルウッド (Langmuir-Hinshelwood) 機構と呼ぶ (図 2.9(c))．いずれの機構が主要となる場合においても，断熱ポテンシャルエネルギーに基づく解析が有効である．例として，金属・半導体表面の吸着水素原子を外から入射する水素原子が剥ぎ取る反応の解析を第 3 章で，金属酸化物表面におけるイオンエッチング反応の解析とそれに基づくマテリアルデザインを第 5 章で解説する．

3

表面近傍での水素反応

本章では，表面における水素反応について，原子核の量子力学的運動特性に注目した解説を行う．ここで用いるシミュレーション手法の詳細については，本著者による別の著書[9]に解説してあるので，興味のある読者はそちらも参照されたい．

3.1 量子様態

水素は最も軽く，また最も小さい元素である．軽水素の場合，原子核は陽子そのものである．電子と陽子（または中性子）の質量比が $1:1836$ であるため，同一の運動エネルギーを持つ電子と陽子の速度比は $43:1$ である．そのため，水素などの（場合により第2周期元素まで含む）軽元素が関与する現象では，原子核の量子力学的運動特性が顕著な影響を及ぼす．この場合でも，電子状態計算においては原子核座標を固定する断熱近似（ボルン・オッペンハイマー近似）が第一近似として有効な場合が多い．すなわち，原子核運動に対するシュレーディンガー方程式を断熱ポテンシャルエネルギーを用いて構成し，これに基づいた解析を行うことによって，原子核の量子力学的運動特性を理解することができる．

式 (2.6) で与えられるハミルトニアンから，原子核運動に対する時間に依存しないシュレーディンガー方程式は

$$\left[E_K - \left(-\sum_{m=1}^{N_a} \frac{\vec{P}_m^2}{2M_m} + V_k(\vec{R}_1, \cdots, \vec{R}_{N_a})\right)\right] \Psi_K(\vec{R}_1, \cdots, \vec{R}_{N_a}) = 0 \quad (3.1)$$

で与えられる．ここで，表記の意味は式 (2.6) から継承されている．この方程式は N_a 原子系に対する一般的表式であり，すべての原子間相互作用をポテンシャル $V_k(\vec{R}_1, \cdots, \vec{R}_{N_a})$ に含んでいるため，この方程式を解くことができれば，ある量子状態 K にある多原子系の固有エネルギー E_K と固有関数 $\Psi_K(\vec{R}_1, \cdots, \vec{R}_{N_a})$

が求まる．但し，水素は高々一つの価電子しか持たないため，その量子力学的振る舞いは原則的に二原子分子あるいは単一の原子を単位として記述され，通常それ以上の数の水素原子が同時に関与する相互作用は重要ではないと考えられる．そこで，問題をさらに単純化し，水素原子が 1 個のみ存在する表面系を考える．これは，例えば，解離吸着した後に表面で（他の水素原子と相互作用せず）自由に運動する水素の振る舞いを記述することに相当する．すると，式 (3.1) は

$$\left[E_K - \left(-\frac{\vec{P}^2}{2M} + V_k(\vec{R}) \right) \right] \Psi_K(\vec{R}) = 0 \qquad (3.2)$$

と書き換えられる．ここで，$\vec{R}$，$\vec{P}$ 及び M はそれぞれ水素原子の座標，運動量演算子及び質量であり，その他の原子核座標は固定されている．水素質量はポテンシャルエネルギー $V_k(\vec{R})$ には依存せず，同位体効果は方程式を解くことによって初めて解析できる．

例として，Cu(111) 及び Pt(111) 表面での水素原子の固有関数について議論する．1.2.2 項で説明したように，Cu と Pt は共に面心立方構造をとり，その (111) 表面は三角格子型である（図 3.1 参照）．ここで，表面上の代表的な地点として，第 1 層における原子の直上をオントップサイト，最近接 2 原子の中間をブリッジサイト，最近接 3 原子の中間のうち直下に第 2 層の原子がない場所及びある場所をそれぞれ fcc ホローサイト及び hcp ホローサイトと呼ぶ．空間座標は表面平行方向に x 軸と y 軸をとり，表面垂直方向に真空側が正になるように z 軸をとる．ま

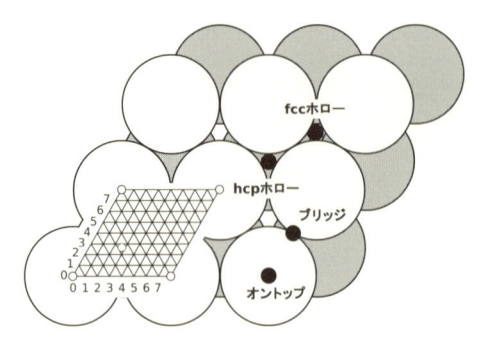

図 3.1　Cu(111) 及び Pt(111) の表面垂直方向からみた原子構造
白色と灰色の丸はそれぞれ第 1 層と第 2 層の原子を表す．黒丸はオントップサイト (on-top)，ブリッジサイト (bridge)，fcc ホローサイト (fcc hollow) 及び hcp ホローサイト (hcp hollow) を示す．左下部の格子は表面平行方向の座標点の定義を示す．

た，ポテンシャルエネルギー曲面を描くための便宜上，オントップサイトを $(0,0)$ として表面平行方向の座標を格子状に区切る．

Cu(111) の基底電子状態に対する表面近傍でのポテンシャルエネルギー $V_0(\vec{R})$ を図 3.2 に示す．hcp ホローサイトにポテンシャル井戸の底があり，オントップサイトに近づくにつれて底が真空側に移動し，エネルギーが高くなる．そのため，原子核の運動を古典力学的に取り扱うと，水素原子は hcp ホローサイトに吸着することになる．式 (3.2) に基づいて水素原子核の波動関数を求めると，図 3.3 に

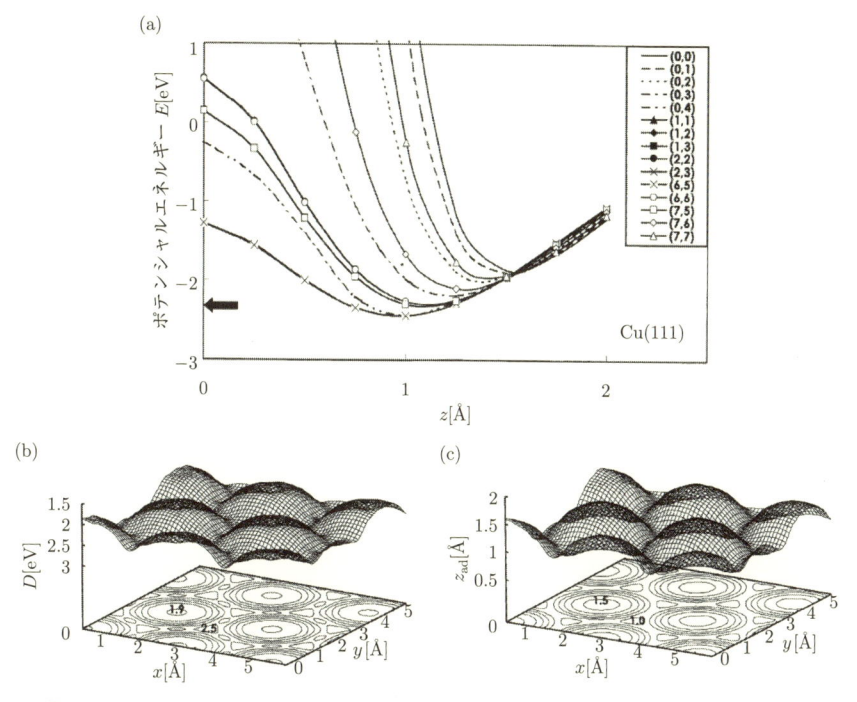

図 3.2 Cu(111) 上の水素原子に対するポテンシャルエネルギー $V_0(\vec{R})$（文献[20]より転載）

(a) 横軸を表面垂直方向の座標 z，縦軸をエネルギーとして，表面平行方向の座標点ごとに表示したポテンシャルエネルギー曲面．$(0,0)$ がオントップサイト，$(2,3)$ が hcp ホローサイトに対応する．(b) 表面平行方向の実空間座標 (x,y) の関数として表したポテンシャル井戸の深さ $D(x,y)$（高い値ほど低いポテンシャルエネルギーを示すことに注意）．等高線間隔は 0.05 eV．(c) 表面平行方向の実空間座標 (x,y) の関数として表したポテンシャル井戸の底の表面垂直方向の座標 z_ad．等高線間隔は 0.1 Å．

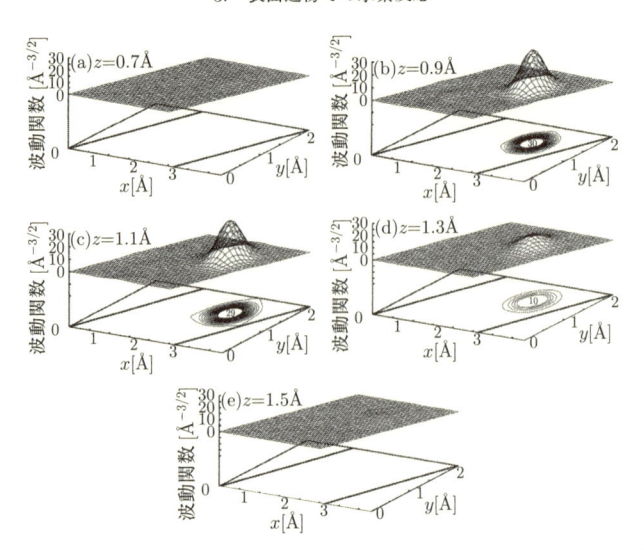

図 3.3 Cu(111) 上の水素原子の基底状態波動関数 （文献[20] より転載）
それぞれ, (a) $z = 0.7$ Å, (b) 0.9 Å, (c) 1.1 Å, (d) 1.3 Å, (e) 1.5 Å において, 表面平行方向の実空間座標 (x, y) の関数として表す. 等高線間隔は 1.0 Å$^{-3/2}$.

示すようになる. 波動関数の最大値がポテンシャル井戸の底に位置しており, 古典力学的取扱いの場合と一致する.

Pt(111) の基底電子状態に対する表面近傍でのポテンシャルエネルギー $V_0(\vec{R})$ を図 3.4 に示す. Cu(111) の場合と異なり, オントップサイトと hcp ホローサイトにポテンシャル井戸の底がある. オントップサイトの井戸は狭く深いのに対し, hcp ホローサイトの井戸は広く浅い. その結果, Cu(111) と比較すると平坦なポテンシャルエネルギー曲面になる. そのため, 原子核の運動を古典力学的に取り扱うと, 水素原子はオントップサイトに吸着することになる. ところが, 水素原子核の波動関数を求めると, 図 3.5 に示すように hcp ホローサイトに波動関数の最大値が現れる. これは, オントップサイトでは井戸が狭いために, 座標と運動量の不確定性原理から零点振動エネルギーが大きくなり, hcp ホローサイトの零点振動準位を越えることから起こる量子効果である (図 3.6 参照).

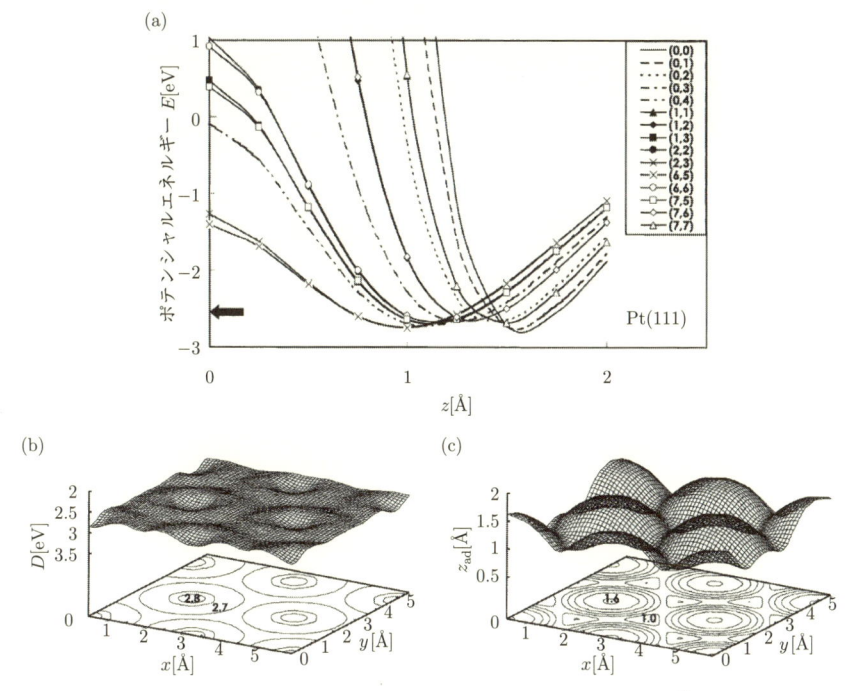

図 3.4 Pt(111) 上の水素原子に対するポテンシャルエネルギー $V_k(\vec{R})$（文献[20] より転載.表記の意味は図 3.2 と同様）

3.2 量子ダイナミクス

3.2.1 反応経路座標系における一般化散乱模型

水素の解離吸着，会合脱離及び解離・剝ぎ取りを伴う反応性散乱は 2 個の水素原子による量子ダイナミクスとして記述できる．式 (2.9) で与えられる 2 原子ハミルトニアンは，式 (2.10) で与えられる分子の内部座標を用いて

$$H_\mathrm{a}(X,Y,z;r,\theta,\phi) = -\frac{\hbar^2}{2M_\mathrm{mol}}\left(\frac{\partial^2}{\partial X^2}+\frac{\partial^2}{\partial Y^2}\right)$$
$$-\frac{\hbar^2}{2\mu}\left(\frac{\partial^2}{\partial z^2}-\frac{\partial^2}{\partial r^2}-\frac{2}{r}\frac{\partial}{\partial r}\right)+\frac{1}{2\mu r^2}\mathbf{L}^2$$
$$+V_k(X,Y,z;r,\theta,\phi) \tag{3.3}$$

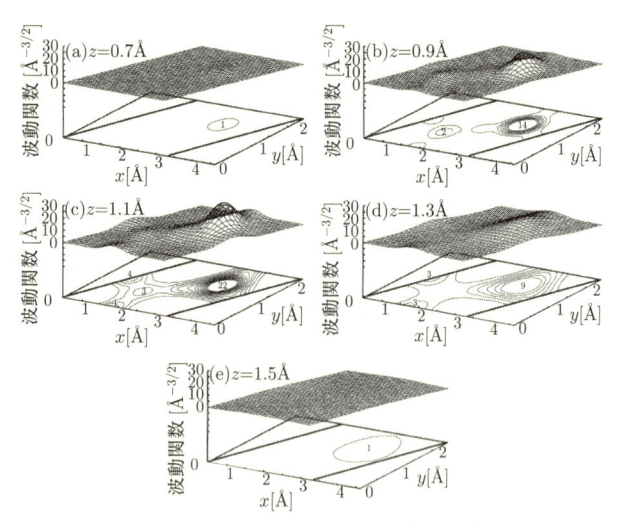

図 3.5 Pt(111) 上の水素原子の基底状態波動関数（文献[20] より転載．表記の意味は図 3.3 と同様）

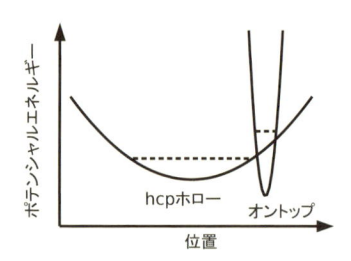

図 3.6 Pt(111) におけるポテンシャル井戸と量子効果を考慮した吸着位置の関係を表す概念図
実線がオントップサイトと hcp ホローサイトに対応するポテンシャルエネルギー井戸，破線がそれらの井戸に対する零点振動準位を示す．

と表示される．但し，$M_{\mathrm{mol}} = M_1 + M_2$ は分子の全質量，$\mu = M_1 M_2 / M_{\mathrm{mol}}$ は換算質量，$\mathbf{L}$ は回転運動を表す角運動量演算子を表し，分子運動をポテンシャルエネルギー曲面上での有効な一粒子運動として表せるように，$z = Z\sqrt{M_{\mathrm{mol}}/\mu}$ の座標変換を導入している．図 3.7(a) に示すように，反応経路が z と r の関数として表したポテンシャルエネルギー曲面上で有限の曲率 κ を持った分岐のない曲線 C で与えられると仮定すると，C 上の点 $\vec{\xi}_c$ は C に沿ったある原点からの弧長

3.2 量子ダイナミクス

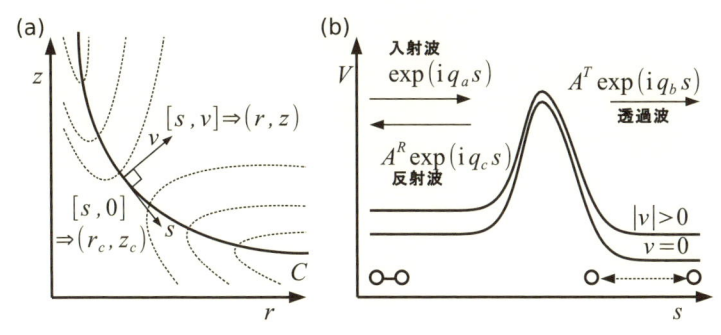

図 3.7 反応経路座標の概念図
(a) 2次元ポテンシャルエネルギー曲面上での反応経路 C によって与えられる反応経路座標 (s,v). 横軸は水素分子の原子間距離 r, 縦軸は質量の重みを付けて変換された, 水素分子重心の表面からの距離 z. (b) 反応経路座標 (s,v) の関数として表したポテンシャルエネルギー V. 矢印の側の数式は, それぞれ入射波, 反射波, 及び透過波の波動関数を表す. 左が入射分子の状態, 右側が解離吸着した状態を示す.

s で $\vec{\xi}_{\rm c}(s) = (r_{\rm c}(s), z_{\rm c}(s))$ と表示できる. このとき, $\vec{\xi}_{\rm c}(s)$ での曲率 $\kappa(s)$ は

$$\kappa(s) = \frac{\partial^2 z_{\rm c}(s)}{\partial s^2}\left[\sqrt{1-\left(\frac{\partial z_{\rm c}(s)}{\partial s}\right)}\right]^{-1} = \frac{\partial^2 r_{\rm c}(s)}{\partial s^2}\left[\sqrt{1-\left(\frac{\partial r_{\rm c}(s)}{\partial s}\right)}\right]^{-1} \tag{3.4}$$

で与えられる. そこで, $\vec{\xi}_{\rm c}(s)$ における C の法線上の点 $\vec{\xi}$ に対して, その法線に沿った座標 v を $\vec{\xi}_{\rm c}(s)$ からの距離あるいはその負値で与え, $\vec{\xi} = [s,v]$ と表示することにする. この座標変換は

$$r = r_{\rm c}(s) - v\frac{\partial z_{\rm c}(s)}{\partial s} \tag{3.5}$$

$$z = z_{\rm c}(s) + v\frac{\partial r_{\rm c}(s)}{\partial s} \tag{3.6}$$

によって定義され, そのヤコビアン $\eta(s,v)$ は

$$\eta(s,v) = 1 - v\kappa(s) \tag{3.7}$$

となる. すると, 式 (3.3) は反応経路座標による表示

$$H_{\rm a}(s,v,X,Y,\theta,\phi) = -\frac{\hbar^2}{2M_{\rm mol}}\left(\frac{\partial^2}{\partial X^2} + \frac{\partial^2}{\partial Y^2}\right)$$
$$-\frac{\hbar^2}{2\mu}\left(\frac{1}{\eta(s,v)}\frac{\partial}{\partial s}\frac{1}{\eta(s,v)}\frac{\partial}{\partial s} + \frac{1}{\eta(s,v)}\frac{\partial}{\partial v}\eta(s,v)\frac{\partial}{\partial v}\right)$$

$$+ \frac{1}{2\mu r^2}\mathbf{L}^2 + V_k(s,v,X,Y,\theta,\phi) \tag{3.8}$$

と書き換えられる．

ここで，遠方から飛来した分子が解離吸着するダイナミクスを考える．時間に依存したシュレーディンガー方程式は

$$\left[i\hbar\frac{\partial}{\partial t} - H_a(s,v,X,Y,\theta,\phi)\right]\Psi(s,v,X,Y,\theta,\phi,t) = 0 \tag{3.9}$$

で与えられ，その解 Ψ は $H_a(s,v,X,Y,\theta,\phi)$ の固有関数系 $\Psi_m(s,v,X,Y,\theta,\phi)$ に対する線型結合

$$\Psi(s,v,X,Y,\theta,\phi,t) = \sum_m C_m e^{-iE_m t/\hbar}\Psi_m(s,v,X,Y,\theta,\phi) \tag{3.10}$$

で表される．但し，和の中の m は量子数，E_m は m に対する固有エネルギーを表す．C_m は任意の係数である．$H_a(s,v,X,Y,\theta,\phi)$ が時間に依存していないため，$\Psi(s,v,X,Y,\theta,\phi,t)$ は期待値が時間に依存しない（すなわち定常的な）波束を表している．反応経路上のポテンシャルエネルギーが，図 3.7(b) に示すように，$s \to \pm\infty$ で一定値をとるならば，$\Psi(s,v,X,Y,\theta,\phi,t)$ の s 依存性は束縛されていない散乱波として記述される．

$s \to -\infty$（領域 V）では分子が真空中で孤立しているので相互作用が働かず内部状態（(s,v,X,Y,θ,ϕ) 依存性）が s に依存しない．$s \to +\infty$（領域 S）では分子が解離して表面内で互いに自由に運動するため，やはり内部状態が s にほとんど依存しないはずである．従って，内部状態が s に依存するのはポテンシャルエネルギーの変化によって状態遷移の起こる領域のみである．領域 V における波動関数 Ψ^V は自由な分子に対するハミルトニアン H_a^V に対するシュレーディンガー方程式

$$\left[i\hbar\frac{\partial}{\partial t} - H_a^V(v,X,Y,\theta,\phi)\right]\Psi^V(s,v,X,Y,\theta,\phi,t) = 0 \tag{3.11}$$

の解として与えられる．同様に，領域 S における波動関数 Ψ^S も表面 2 次元空間での自由な二原子に対するハミルトニアン H_a^S に対するシュレーディンガー方程式

$$\left[i\hbar\frac{\partial}{\partial t} - H_a^S(v,X,Y,\theta,\phi)\right]\Psi^S(s,v,X,Y,\theta,\phi,t) = 0 \tag{3.12}$$

の解として与えられると仮定する．H_a^V と H_a^S が s に依存しないため，Ψ^V と Ψ^S の s 依存性は平面波的であり，

$$\Psi^V(s,v,X,Y,\theta,\phi,t) = \sum_q \sum_m C_{q,m}^V \mathrm{e}^{-\mathrm{i}(E_q^V+E_m^V)t/\hbar} \mathrm{e}^{\mathrm{i}qs} \Phi_m^V(v,X,Y,\theta,\phi) \quad (3.13)$$

$$\Psi^S(s,v,X,Y,\theta,\phi,t) = \sum_q \sum_m C_{q,m}^S \mathrm{e}^{-\mathrm{i}(E_q^S+E_m^S)t/\hbar} \mathrm{e}^{\mathrm{i}qs} \Phi_m^S(v,X,Y,\theta,\phi) \quad (3.14)$$

と書くことができる．但し，Φ^V 及び Φ^S は s 以外の空間自由度に依存する一般化された内部波動関数である．また，和の中の q，E_q^V 及び E_q^S は一般化された並進運動の波数とそれに対する各極限領域 V 及び S でのエネルギー，m，E_m^V 及び E_m^S は一般化された内部量子数とそれに対する各極限領域 V 及び S でのエネルギー，$C_{q,m}^V$ 及び $C_{q,m}^S$ は q と m の組に依存する係数を示す．

図 3.7(a) における曲線 C の湾曲部で分子から解離した二原子への遷移が起こるが，これは反応経路座標系（図 3.7(b)）における散乱問題に帰着する．ポテンシャルエネルギーの s 依存性が顕著な散乱領域では，一般化された並進運動が平面波から変調され，内部波動関数は s に依存する．そこで，式 (3.13) 及び (3.14) にならい，式 (3.10) を一般化された並進波動関数 $\psi_m(s)$ と内部波動関数 $\Phi_m(s;v,X,Y,\theta,\phi)$ を用いて

$$\Psi(s,v,X,Y,\theta,\phi,t) = \sum_q \sum_m C_{q,m} \mathrm{e}^{-\mathrm{i}E_{q,m}t/\hbar} \psi_{q,m}(s) \Phi_{q,m}(s;v,X,Y,\theta,\phi) \quad (3.15)$$

と書き換える．但し，$\psi_{q,m}(s)\Phi_{q,m}(s;v,X,Y,\theta,\phi)$ は量子数 (q,m) に対応する固有関数であり，その固有値は $E_{q,m}$ である．固有関数は $s \to \pm\infty$ の極限において

$$\psi_{q,m}(s) \to \psi_q(s) = \mathrm{e}^{\mathrm{i}qs} \quad (s \to \pm\infty) \quad (3.16)$$

$$\Phi_m(s;v,X,Y,\theta,\phi) \to \Phi_m(v,X,Y,\theta,\phi) \quad (s \to \pm\infty) \quad (3.17)$$

の漸近形を持つと考える．

ここで，波数 q_a 及び内部量子数 m_a の入射波 Ψ_a^V が，散乱領域を透過して一般化された並進運動波数 q_b 及び内部量子数 m_b の波動波 Ψ_b^S として観測される確

率振幅 $A_{b,a}^T$ を考える．入射波と透過波の波動関数はそれぞれ

$$\Psi_a^V(s,v,X,Y,\theta,\phi,t) = e^{-i(E_{q_a}^V+E_{m_a}^V)t/\hbar}\psi_{q_a}(s)\Phi_{m_a}(v,X,Y,\theta,\phi) \tag{3.18}$$

$$\Psi_b^S(s,v,X,Y,\theta,\phi,t) = e^{-i(E_{q_a}^S+E_{m_a}^S)t/\hbar}\psi_{q_b}(s)\Phi_{m_b}(v,X,Y,\theta,\phi) \tag{3.19}$$

と表される．入射波が散乱領域に到達すると，ポテンシャル変化 $W^V = H_a - H_a^V$ を感じる．このポテンシャル変化が摂動として取り扱える．すなわち，散乱領域での波動関数 Ψ_a が領域 V における関数系での線型結合で記述できると仮定する．簡略のため式 (3.18) を波動ベクトルの形式により

$$\left|\Psi_a^V(t)\right\rangle = e^{-i(E_{q_a}^V+E_{m_a}^V)t/\hbar}\left|\Psi_{q_a,m_a}^V\right\rangle \tag{3.20}$$

と表示すると，摂動 W^V による散乱が一度起こった場合（1次摂動）の波動関数は

$$|\Psi_a(t)\rangle^{(1)} = \frac{1}{i\hbar}\sum_{q',m'} e^{-i(E_{q'}^V+E_{m'}^V)t/\hbar}\left|\Psi_{q',m'}^V\right\rangle$$
$$\times \int_{t_0}^{t} dt'\, e^{i[(E_{q'}^V+E_{m'}^V)-(E_{q_a}^V+E_{m_a}^V)]t'/\hbar}\left\langle\Psi_{q',m'}^V\left|W^V\right|\Psi_{q_a,m_a}^V\right\rangle \tag{3.21}$$

と表される．ここで，t_0 は散乱の起こり始める時刻．$\left\langle\Psi_{q',m'}^V\left|W^V\right|\Psi_{q_a,m_a}^V\right\rangle$ は摂動 W^V による遷移行列要素を示す．式 (3.21) は散乱後の波動関数を領域 V の関数系 $\left|\Psi_{q,m}^V\right\rangle$ における波束として表示している．但し，式 (3.10) と異なり，展開係数に相当する部分（時間積分以降）が時間 t に依存している．同様に散乱が二度起こった場合（2次摂動）の波動関数は

$$|\Psi_a(t)\rangle^{(2)} = \left(\frac{1}{i\hbar}\right)^2 \sum_{q'',m''} e^{-i(E_{q''}^V+E_{m''}^V)t/\hbar}\left|\Psi_{q'',m''}^V\right\rangle$$
$$\times \sum_{q',m'}\int_{t_0}^{t} dt''\, e^{i[(E_{q''}^V+E_{m''}^V)-(E_{q'}^V+E_{m'}^V)]t''/\hbar}\left\langle\Psi_{q'',m''}^V\left|W^V\right|\Psi_{q',m'}^V\right\rangle$$
$$\times \int_{t_0}^{t''} dt'\, e^{i[(E_{q'}^V+E_{m'}^V)-(E_{q_a}^V+E_{m_a}^V)]t'/\hbar}\left\langle\Psi_{q',m'}^V\left|W^V\right|\Psi_{q_a,m_a}^V\right\rangle \tag{3.22}$$

と表される．仮に領域 V と S のポテンシャルが同じならば，両領域での固有関数系は共通である．このとき，リップマン・シュヴィンガー (Lippmann-Schwinger) 方程式[21, 22]に基づいて無限次摂動項まで和をとることで，散乱領域を透過した波動が Ψ_b^S として観測される確率振幅 $A_{b,a}^T$ は

$$\begin{aligned}
A_{b,a}^T &= \langle \Psi_b(t) | \Psi_a(t) \rangle \\
&= \langle \Psi_{q_b, m_b}^S | \Psi_{q_a, m_a}^V \rangle + \frac{1}{i\hbar} \lim_{t_0 \to -\infty} \lim_{t_1 \to +\infty} \\
&\quad \times \int_{t_0}^{t_1} dt' \, e^{i[(E_{q_b}^S + E_{m_b}^S) - (E_{q_a}^V + E_{m_a}^V)] t'/\hbar} \langle \Psi_{q_b, m_b}^S | W^V | \Psi_a(0) \rangle \\
&= \delta_{b,a} - 2\pi i \delta\left((E_{q_b}^S + E_{m_b}^S) - (E_{q_a}^V + E_{m_a}^V)\right) T_{b,a}^T
\end{aligned}$$

(3.23)

と導出される．ここで，$T_{b,a}^T = \langle \Psi_{q_b, m_b}^S | W^V | \Psi_a(0) \rangle$ は入射波 Ψ_a^V から透過波 Ψ_b^S への遷移行列要素である．ハミルトニアン H_a が時間に依存しないため，$\Psi_a(t)$ の時間依存性はブラ側とケット側で打ち消され，時間に依存しない表式になる．第 1 項の $\delta_{b,a}$ はクロネッカーのデルタ (Kronecker delta) であり，弾性散乱を表す．第 2 項の $\delta(E)$ はディラックのデルタ関数 (Dirac delta function) であり，散乱の前後におけるエネルギー保存の要請を表す．すなわち，内部エネルギーが $E_{m_a}^V$ から $E_{m_b}^S$ に変化すれば，それを打ち消すように並進運動エネルギーが $E_{q_a}^V$ から $E_{q_b}^S$ に変化する．ここまでと同様の方法で，反射波として観測される確率振幅 $A_{b,a}^R$ 及び遷移行列要素 $T_{b,a}^R$ も導出することができる．

　解離吸着過程では領域 V と S の間でポテンシャルの深さや v 方向のポテンシャル形状に差異があるため，通常，弾性散乱項の寄与は現れない．また，領域 S のポテンシャルエネルギーは厳密に考えれば表面の周期構造の影響を受けるはずである．ポテンシャル形状によっては，束縛状態が現れる場合があり，以上に示した型式論が破綻する場合もある．すなわち，領域 V と S における固有関数系が散乱領域においても完全性を持つという仮定が成り立つ保証はない．これらの困難は，カップルドチャンネル法[9]に基づいて数値計算を行うことにより回避することができる．カップルドチャンネル法では式 (3.9) を直接解くため，式 (3.23) を求めるために導入した摂動論に基づく仮定が不要であり，一般的なポテンシャルエネルギー曲面に対応できる．

3.2.2 トンネル効果

トンネル効果は水素原子核運動において現れる量子力学特有の効果である．例として，遠方から飛来する水素分子の解離吸着において，反応経路座標 s で表示したポテンシャルエネルギー曲線 $V(s)$ が一つの障壁を持つ場合を考える（図 3.8(a) 参照）．但し，簡単のため，原子核運動の自由度を反応経路に沿う一般化された 1 次元運動のみに限定する．原子核運動を古典力学的に取り扱うと，入射エネルギー E_t がポテンシャル障壁 E_a よりも低い場合は入射分子が必ず反射されて吸着は起こらず，逆に障壁よりも高い場合は必ず障壁を乗り越えて吸着する．古典力学的な枠内においては E_a が厳密な閾値を与え，障壁透過率 T は $E_t < E_a$ で 0，$E_t > E_a$ で 1 となる．原子核運動を量子力学的に取り扱うと，位置と波数の不確定性関係により，入射波の波長よりも障壁の厚みが短ければ有限の確率で入射波が障壁を透過する．図 3.8(a) はポテンシャル障壁に対して入射エネルギーが高い場合と低い場合の波動関数を模式的に示している．$E_t < E_a$ の場合，障壁領域の波動関数が減衰波として入射側と透過側の関数を滑らかに接合している．その結果，入射側の領域での波動関数がほぼ入射波と反射波の重ね合わせになる一方で，一部の成分が透過側に染み出し，吸着する．これが解離吸着におけるトンネル効果である．逆に $E_t > E_a$ の場合は，障壁領域の波動関数が散乱によって局

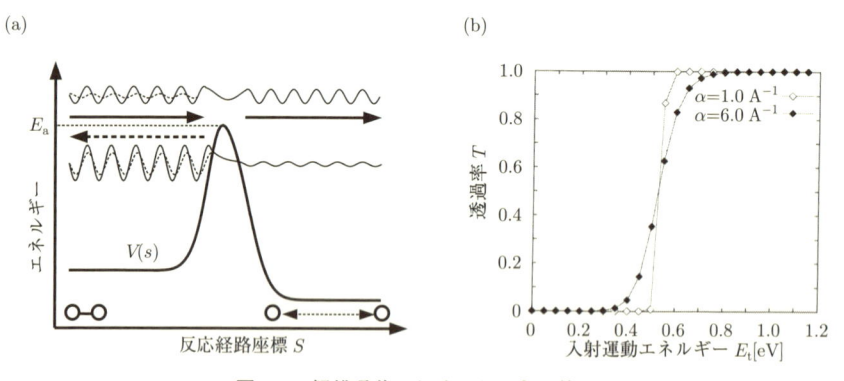

図 3.8 解離吸着におけるトンネル効果
(a) 反応経路座標 s 表示における概念図．太い曲線は障壁 E_a を持つポテンシャルエネルギー曲線 $V(s)$ を表す．実線の波は入射波及び透過波を表し，破線の波は反射波を表す．上側の波はポテンシャル障壁よりもエネルギーの高い入射波の場合，下側の波はエネルギーの低い入射波の場合を示す．(b) ポテンシャル障壁透過率 T の入射運動エネルギー E_t と障壁の厚み α に対する依存性[12,13]（文献[13]より転載）．

所的に変調され波数が不確定になり，一部の成分が反射波に接合する．これは，トンネル効果とは反対に，古典力学的な場合と比較して透過率が減少する「反トンネル効果」である．図 3.8(b) は障壁透過率 T をカップルドチャンネル法に基づく量子ダイナミクス計算によって求め，その入射運動エネルギー E_t 依存性を，障壁の厚み α が異なるポテンシャルエネルギーに対して比較したものである．但し，ポテンシャルエネルギーは $V(s) = E_a/\cosh^2(\alpha s)$ で与え，E_a は銅表面を想定して 0.54 eV で与えている．古典力学的閾値 E_a において入射と反射が同確率で起こり，障壁透過率 T は 0.5 となる．E_a の前後では古典力学的値（0 及び 1）に向かって緩やかに収束していく．$E_t < E_a$ において $T > 0$ の値をとる振る舞いがトンネル効果に，$E_t > E_a$ において $T < 1$ の値をとる振る舞いが反トンネル効果に起因する．障壁が厚い（$\alpha = 0.1$ Å^{-1}）場合は古典力学的な場合に近い振る舞いをみせるが，薄い（$\alpha = 0.6$ Å^{-1}）場合はトンネル効果及び反トンネル効果が顕著に現れる．

3.2.3 吸着と脱離の相関性

解離吸着や会合脱離において，系の力学的性質にヒステリシス（履歴）を与える（例えば表面破壊などの）要因がなければ，解離吸着過程と会合脱離過程は同一のポテンシャルエネルギーの枠内で始状態のみが異なる現象として記述できる．この場合，熱平衡状態において吸着確率と脱離確率の間に確固な関係[14, 23–25]が見出される．

エネルギー E_i を持つ始状態 $|\Psi_i\rangle$ からエネルギー E_f を持つ終状態 $|\Psi_f\rangle$ への力学的な遷移確率 $P_{f,i}(E_f, E_i)$ は

$$P_{f,i}(E_f, E_i) = |\langle \Psi_f | \Psi_i \rangle|^2 = |\langle \Psi_i | \Psi_f \rangle|^2 = P_{i,f}(E_i, E_f) \tag{3.24}$$

の時間反転対称性を満たす．表面に入射する分子は反射されるか吸着するかのいずれかの終状態に至る．反射に至るすべての終状態の群 R に対して和をとった遷移確率は反射確率

$$P_i^R(E_i) = \sum_{f \in R} \int dE_f\, P_{f,i}(E_f, E_i) = \sum_f \int dE_f\, P_{f,i}^R(E_f, E_i) \tag{3.25}$$

を与え，吸着に至るすべての終状態の群 S に対して和をとった遷移確率は吸着確率

$$P_i^S(E_i) = \sum_{f \in S} \int dE_f \, P_{f,i}(E_f, E_i) = \sum_f \int dE_f \, P_{f,i}^S(E_f, E_i) \qquad (3.26)$$

を与え，両者の間にはユニタリ性

$$P_i^R(E_i) + P_i^S(E_i) = 1 \qquad (3.27)$$

が成立する．同様に，解離吸着しているすべての始状態の群 S に対して和をとった遷移確率は脱離確率

$$P_f^D(E_f) = \sum_{i \in S} \int dE_i \, P_{f,i}(E_f, E_i) = \sum_i \int dE_i \, P_{f,i}^D(E_f, E_i) \qquad (3.28)$$

を与える．系が熱平衡状態である場合，入射分子の始状態 $(E_i, |\Psi_i\rangle)$ と放出分子の終状態 $(E_j, |\Psi_j\rangle)$ はボルツマン分布に従う．表面からの分子放出は，入射した分子が吸着しないで直接散乱（すなわち反射）される過程といったん吸着して熱平衡に至った後で脱離する間接過程で構成される．直接過程と間接過程の寄与を合計した散乱による遷移確率 $Q_{i,j}(E_i, E_j)$ は

$$Q_{j,i}(E_j, E_i) = P_{j,i}^R(E_j, E_i) + P_i^D(E_j) P_i^S(E_i) \qquad (3.29)$$

で与えられる．すると，表面温度 T_S における詳細釣り合いの原理から

$$Q_{j,i}(E_j, E_i) \, e^{-E_i/k_B T_S} = Q_{i,j}(E_i, E_j) \, e^{-E_j/k_B T_S} \qquad (3.30)$$

が成立する．

ここで，量子状態を連続的な並進運動エネルギー E_t と離散的な内部運動 ν の組で表示することにすると，方程式[14, 23, 24]

$$\sum_{\nu'} \int dE_t' Q_{\nu,\nu'}(E_t, E_t') \frac{e^{-(E_t' + E_{\nu'})/k_B T_S}}{k_B T_S Z(T_S)} = \frac{e^{-(E_t + E_\nu)/k_B T_S}}{k_B T_S Z(T_S)} \qquad (3.31)$$

が成立する．但し，内部状態の分布関数 $Z(T_S)$，ボルツマン定数 k_B，及び規格化条件

$$\sum_{\nu'} \int dE_t' Q_{\nu',\nu}(E_t', E_t) = 1 \qquad (3.32)$$

を用いた．式 (3.31) を解くと，脱離確率 $P_\nu^S(E_t)$ と吸着確率 $P_\nu^D(E_t)$ の関係式

$$P_\nu^D(E_t) = P_\nu^S(E_t) \frac{e^{-(E_t + E_\nu)/k_B T_S}}{k_B T_S Z(T_S) \langle S \rangle} \qquad (3.33)$$

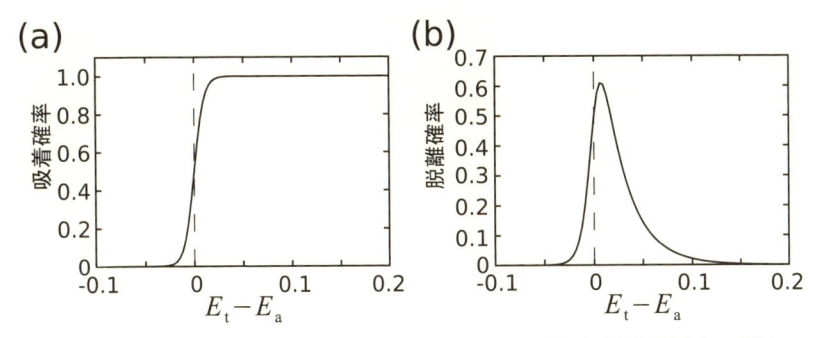

図 3.9 活性化障壁 E_a を持つ同一の表面系における吸着確率と脱離確率の関係 (a) 並進運動エネルギー E_t を持つ入射水素分子が解離吸着する確率. (b) 熱平衡状態にある表面から脱離する水素分子が並進運動エネルギー E_t を持つ確率分布.

が導かれる. ここで,

$$\langle S \rangle = \sum_\nu \int dE_t \, P_\nu^S(E_t) \frac{e^{-(E_t+E_\nu)/k_B T_S}}{k_B T_S Z(T_S)} \tag{3.34}$$

は温度 T_S で熱平衡分布している分子の吸着確率の平均値である.

式 (3.33) は, 内部状態 ν と並進運動エネルギー E_t の条件が吸着確率を高くする場合, 脱離してくる分子も同じ状態を持つ確率が高くなる相関性を表している. この相関性は実験によっても強固であることが確認されている[25]. 脱離確率 $P_\nu^S(E_t)$ は吸着確率 $P_\nu^D(E_t)$ に対してボルツマン分布の補正が加わるため, 例えば並進運動エネルギーに対する古典的活性化障壁が E_a の場合の E_t 依存性は図 3.9 に示すようになる. 吸着時のエネルギー散逸により, 脱離においては高いエネルギーを持った始状態の存在確率が低いため, 脱離確率 $P_\nu^S(E_t)$ は E_a の近傍に集中する. この領域はトンネル効果が顕著に現れやすく, 原子核の量子論的振る舞いが重要であることがわかる.

3.2.4 解離吸着における振動・回転運動の効果

2.3 節に解説した解離吸着や会合脱離に対する分子の振動・回転運動の影響は, カップルドチャンネル法に基づく量子ダイナミクス計算によって定量的に示すことができる. 例として, 重水素 (D_2) の Cu(111) への解離吸着確率を求めた結果[26]を図 3.10 に示す. この図では, 入射分子の並進エネルギー E_t, 振動量子数 ν 及び回転量子数 J に対する依存性を示している. 但し, (回転軸の向きを表す) 磁

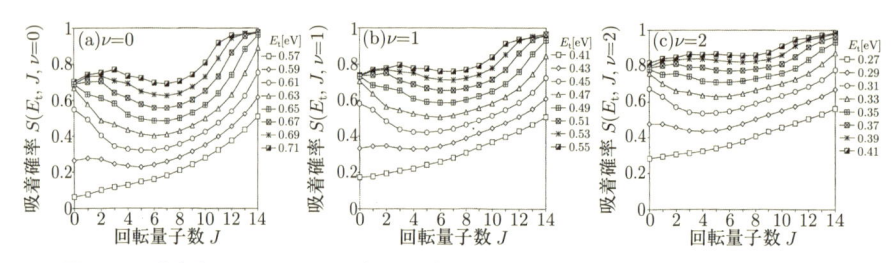

図 3.10 重水素の Cu(111) への解離吸着における吸着確率の並進エネルギー E_t, 振動量子数 ν 及び回転量子数 J に対する依存性（文献[26]より転載）
それぞれ, (a) $\nu = 0$, (b) $\nu = 1$, (b) $\nu = 2$ の場合.

気量子数 m に関しては総和をとっている.

まず, J 依存性に注目する. 吸着確率は J に対して非単調な変化をみせるが, その非単調性は特定の E_t と ν の組み合わせに対して顕著であり, E_t や ν が高すぎたり低すぎたりする領域では失われる傾向を持つ. $J < 6$ でみられる非単調性は, ステアリング効果によるものである. E_t の小さい領域では, 全運動エネルギーが活性化障壁に対して十分に大きくないため, ステアリングによって吸着を起こすことができるチャンネル（古典力学的には運動の軌道）が少ない. E_t が増加すると, まずステアリング効果による顕著な確率増大がみられるが, 一定以上の E_t に対してはステアリングの補助が不要になり, 確率が飽和する. $J > 6$ では回転運動がステアリングを阻害する一方で, 並進・回転間エネルギー移行の効果が支配的になり, 確率は J に対して単調増加する.

次に, ν 依存性に注目する. 一般的に ν の増加に伴い吸着確率が増大する振動補助吸着効果が確認できるが, この効果は特に E_t と J の小さい領域で顕著になる傾向を示す. 逆に E_t と J の両方が大きければ, もとの並進運動及び回転・並進間エネルギー移行の効果だけで十分な吸着確率が得られるため, 振動による補助が不要になり, ν 依存性が小さくなる. $\nu = 1$ 及び 2 の場合を $\nu = 0$ と比較すると, ν の増加によって J 依存性が縮小される傾向が見出される. これは, 大きな ν に対しては振動補助吸着効果がステアリング効果や並進・回転間エネルギー移行の効果よりも優勢になることを示している.

ここで, ステアリング効果の消失する $J = 6$ において吸着確率の m 依存性を調べる（図 3.11 参照）. $m = 0$ は回転軸が表面平行を向いた（従って原子運動によって作られる磁気モーメントの表面垂直成分がない）「カートホイール型回転」

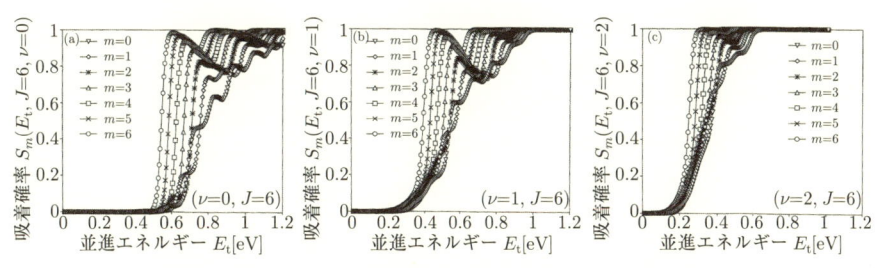

図 3.11 重水素の Cu(111) への解離吸着における吸着確率の並進エネルギー E_t, 振動量子数 ν 及び磁気量子数 m に対する依存性[26]
それぞれ, (a) $\nu = 0$, (b) $\nu = 1$, (b) $\nu = 2$ の場合.

に, $|m| = J = 6$ は垂直方向を向いた (磁気モーメントの表面垂直成分が最大になる)「ヘリコプター型回転」に対応する. 全体的な傾向として, $|m|$ が大きい (ヘリコプター型に近い) ほど吸着確率が大きくなり, また E_t に対する立ち上がり部分 (古典力学的閾値) が低くなる. これは, $|m|$ が小さい (カートホイール型に近い) 場合は分子軸が表面垂直になる原子配置が頻繁に起こり, 解離が阻害されるためである. またそのために, $|m|$ が小さい場合は, 分子軸が表面平行になった瞬間において振動補助の恩恵を多く受け, ν の増加に伴う確率増大が顕著に現れる.

3.2.5 会合脱離における回転分布

3.2.3 項で解説した吸着と脱離の間の相関性により, 吸着確率の分子内部状態依存性は脱離分子の内部状態分布に反映される. 図 3.12 は重水素の Cu(111) からの会合脱離確率 $D(j, T_S)/(2j+1)$ を回転エネルギー E_j の関数として表した実験値及びそれに対応する量子ダイナミクス計算の結果である. 但し, j は脱離分子の回転量子数であり, 脱離分子の回転運動は表面と熱平衡にあり, 脱離確率は脱離並進エネルギー E_t 及び磁気量子数 m_j に対して平均したものである. また, 計算では分子振動が基底状態を保つと仮定している. 仮に回転温度 T_R が表面温度 T_S と等しければ, 脱離確率は E_j に対してボルツマン分布を示すが, 実験及び計算ではその分布からのずれが見出される. 解離吸着でステアリング効果のみえていた $j < 5$ の領域は $E_j < 0.1$ eV の領域に該当し, 実験と計算の両方において確率の増大 (回転加熱) がみられる. $5 < j < 10$ の領域は $0.1 < E_j < 0.4$ eV の

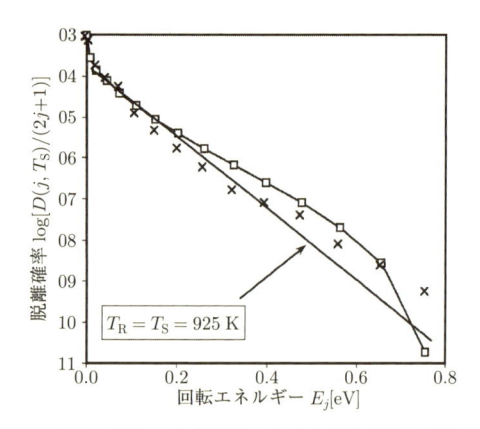

図 3.12 重水素の Cu(111) からの会合脱離における脱離確率の回転エネルギー E_j 依存性[13, 14, 27]（文献[27] より転載 (Copyright 1997 by The American Physical Society)）

□と×はそれぞれ量子ダイナミクス計算と実験による値を示す．各回転エネルギーはそれぞれ回転量子数 $j = 0, 1, \cdots, 14$ に対応する．直線は温度 925 K におけるボルツマン分布を示す．

領域に該当し，ステアリング効果と並進・回転間エネルギー移行の効果が共に小さい．そのため，実験では確率の低下（回転冷却）がみられ，計算でも冷却には至らないが加熱の抑制がみられる．$j > 10$ の領域は $E_j > 0.4$ eV の領域に該当し，($j = 14$ の部分を無視すれば）並進・回転間エネルギー移行の効果によって回転加熱がみられる．

解離吸着では回転軸の向き（回転方位）に対する顕著な依存性が見出されていたが，吸着と脱離の間の相関性を反映して，会合脱離においても脱離並進エネルギー E_t と回転運動の間に顕著な関係（動的量子フィルタリング）が見出される．分子回転における配向の度合いと選択性を解析するため，回転方位指数（あるいは四重極子配向因子）$A_0^{(2)}$

$$A_0^{(2)}(j, E_{\text{tot}}) = \frac{\sum_{m_j} \left[3m_j^2 - j(j+1) \right] D_{jm_j}(E_{\text{tot}})}{j(j+1) \sum_{m_j} D_{jm_j}(E_{\text{tot}})} \quad (3.35)$$

を定義する[13, 28]．ここで，$D_{jm_j}(E_{\text{tot}})$ は全エネルギー E_{tot} を持つ分子の脱離確率である．$A_0^{(2)} < 0$ の場合はカートホイール型回転が，$A_0^{(2)} > 0$ の場合はヘリコプター型回転が優勢である状態を表す．$j \to \infty$ の極限では $A_0^{(2)} \to 2$ に収束し，完全なヘリコプター型回転を表す．$A_0^{(2)} = 0$ は回転軸が等方的に分布している状

態を表す. 脱離並進エネルギー $E_t = E_{tot} - E_j$ の関数として表した $A_0^{(2)}$ を図 3.13 に示す. 解離吸着した原子が互いに接近して相互作用を始めるときには, 二原子が表面平行な平面上にあるためにヘリコプター型の配置をとってはいるが, 同時に表面垂直方向に対して零点振動している. 会合する二原子の運動エネルギーが活性化エネルギーにぎりぎり届く場合, 表面のポテンシャル変化の影響によって原子運動の方向が変わりやすく, その結果ステアリング効果を受けながら活性化障壁を乗り越えるために回転軸がカートホイール型に変化して脱離する. このとき並進運動が回転運動にエネルギーを奪われるため, E_t が小さい領域でカートホイール型での脱離が優勢 ($A_0^{(2)} < 0$) になり, また大きい回転量子数 $j > 4$ を持つ特徴が見出される. 二原子の運動エネルギーが活性化エネルギーを越え始めると, 活性化障壁を乗り越える前に獲得する回転運動がステアリングを抑制し, その結果カートホイール型で活性化障壁に突入する二原子の脱離が抑制される. そのため, 中間的な E_t の領域ではヘリコプター型での脱離が優勢 ($A_0^{(2)} > 0$) になる. 会合する前に大きな回転量子数 j を持っている場合はステアリングの抑制が強く, その j を維持したヘリコプター型での脱離がより小さい E_t の領域から優勢になる. 但し, その傾向は運動状態の量子性によって極めて非単調になり, 古典力学的類推から乖離した振る舞いを示す. 二原子の運動エネルギーがさらに大きくなると, 並進・回転間エネルギー移行の効果によってカートホイール型の脱離も可能になり, 脱離分子の回転軸方向に偏りがなくなる. そのため, E_t が大き

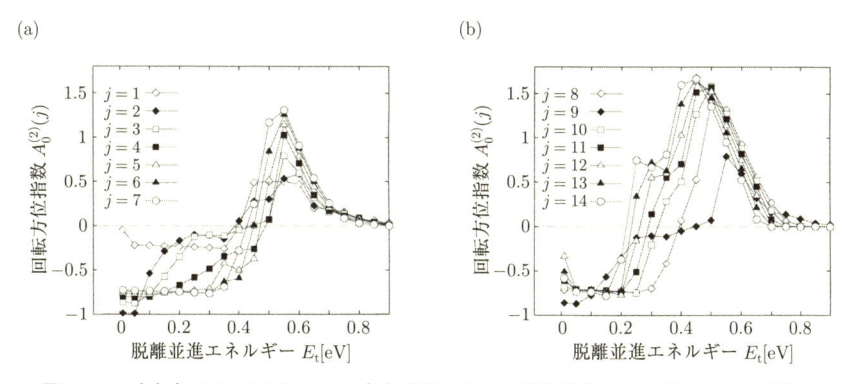

図 3.13 重水素の Cu(111) からの会合脱離における脱離並進エネルギー E_t の関数として表した回転方位指数 $A_0^{(2)}(j)$[13, 28] (文献[28] より転載)
(a) 回転量子数 j が $1 \geq j \geq 7$ の場合. (b) 回転量子数 j が $8 \geq j \geq 14$ の場合.

い領域ではヘリコプター型とカートホイール型が対等に混ざる ($A_0^{(2)} = 0$).

3.2.6 回転励起を伴う非弾性散乱

表面に入射した分子が解離吸着のための活性化障壁を越えられない場合は反射されて気相側に散乱される.このとき入射並進エネルギー E_i が分子または表面の内部エネルギーに移行する非弾性散乱が起こり得る.異なる表面サイトからの散乱分子の波動は干渉し合って回折する.弾性散乱,すなわちブラッグ反射のみが起こるときは,回折像が表面幾何構造の逆格子を与える.散乱によって表面平行方向の並進波数ベクトル $\vec{K}_i$ が $\vec{K}_f$ に変化した回折スポットは,逆格子ベクトルの変化 $\Delta \vec{G} = \vec{K}_f - \vec{K}_i = (mG, nG)$ に対応付けて (m, n) と表示される.ここで,$G = 2\pi/a$ は格子定数 a に対する逆格子定数である.非弾性散乱が起こると,回折像に広がりや新規のスポットが現れ得るが,通常は弾性散乱と同じ回折スポットにも寄与を残す.

例として,Cu(001) 上における回転励起を伴う非弾性散乱について議論する.Cu(001) での水素解離吸着に対しては 500〜900 meV 程度の活性化障壁が存在し[30],それよりも小さい運動エネルギーで入射する分子は解離吸着できず気相側に反射される.この運動エネルギー領域ではステアリングが有効であり,活性化障壁近傍に衝突した分子は並進運動から回転運動にエネルギーと運動量を移行しながら散乱される.回転量子数 j が 0 から 2 へ変化する非弾性散乱確率を量子ダイナミクス計算によって得た結果を図 3.14 に示す.但し,ヘリコプター型 $m_j = 0$ に配向し振動基底状態 $\nu = 0$ にある軽水素 H_2 分子が [100] 方向に沿って斜入射角度で入射した場合に対応する.活性化障壁に衝突するときの運動変化は,ポテンシャルエネルギー曲面の配向依存性や表面平行方向の起伏に依存し,回折スポットごとに異なった内部自由度依存性を示す.特に,カートホイール型への転換は大きな運動量変化を伴うため,特定の回折スポット ($(1, 0)$ 及び $(\bar{1}, 0)$) に偏る.$E_i < 100$ meV では急激な変化がみられるが,これは内部エネルギーの量子化(例えば $j = 0 \to 2$ の回転励起においては 76 meV)を反映したものである.$E_i > 100$ meV でも水素運動の量子性によって非単調な入射並進エネルギー E_i 依存性がみられるが,大局的には,E_i が高いほど(緩やかであるが)ステアリングが抑制されるために内部状態変化が小さくなる傾向を示す.そのため,特にカー

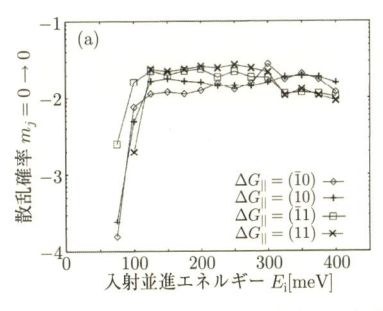

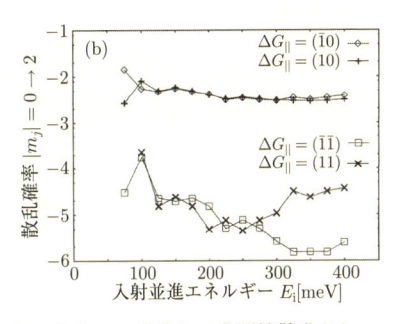

図 3.14 Cu(001) 上で軽水素の回転量子数 j が 0 から 2 へ変化して非弾性散乱される確率の入射並進エネルギー E_i 依存性 (文献[29]) より転載)
$\Delta G_{\parallel}$ は回折スポットを示す. (a) 散乱後の配向がヘリコプター型 $m_j = 0$ である場合.
(b) 散乱後の配向がカートホイール型 $|m_j| = 2$ である場合.

トホイール型に変化する確率は高い E_i に対して低くなる. 以上の配向依存性は, 回折散乱においても動的量子フィルタリングが働くことを示している.

軽水素 H_2 と重水素 D_2 の間で比較を行うと, 顕著な同位体効果が見出される. 図 3.15 は $j = 0 \to 2$ の回転励起を伴う非弾性散乱確率の入射並進エネルギー E_i 依存性を示す. ここでは回折スポット $(1,1)$ における値を例示するが, 他のスポットにおいても H_2 と D_2 の間の定性的差異は同様である[31]. H_2 と D_2 に対するポテンシャルエネルギーは等価であるため, 見出される効果は純粋に原子核質量の差異に起因する. $E_i < 100$ meV では D_2 の方が高い確率を持つ. これは, D_2 の内

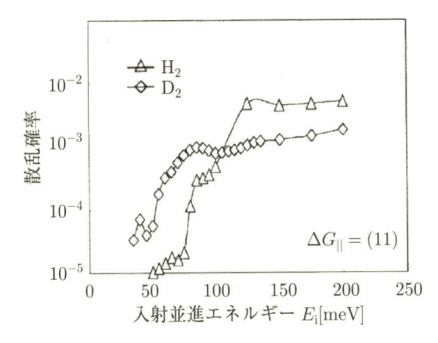

図 3.15 Cu(001) 上における水素非弾性散乱確率の入射並進エネルギー E_i 依存性 (文献[31]) より転載)
回折スポットは図 3.14 と同じ $(1,1)$ である. △ と ◇ はそれぞれ軽水素 H_2 と重水素 D_2 に対する値を示す.

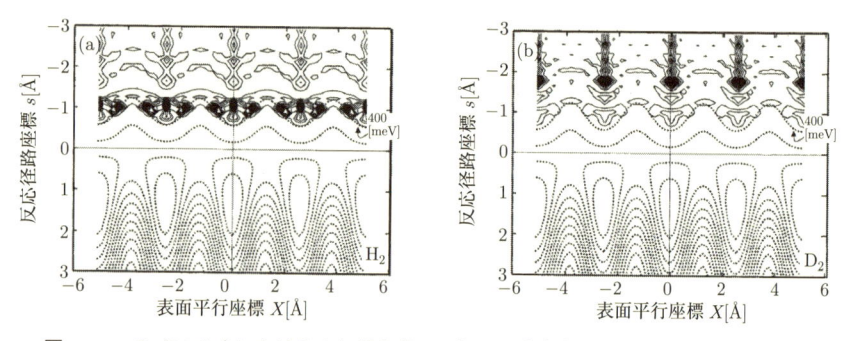

図 3.16 Cu(001) 上における (a) 軽水素 H_2 と (b) 重水素 D_2 のポテンシャルエネルギー曲面（点線）と $j = 0$, $\nu = 0$, $K_i = (0, 0)$ に対する波動関数（実線）の等高線表示（文献[32]より転載）
横軸は分子中心の表面平行方向の座標 X, 縦軸は反応経路座標 s を示す. 等高線間隔は 200 meV である.

部エネルギーの量子化間隔が H_2 より小さく（例えば $j = 0 \to 2$ の回転励起において 36 meV), 従って励起の閾値が低くなるためである. 反対に $E_i > 100$ meV では H_2 の方が高い確率を持つ. これは活性化障壁に近傍における原子核運動の量子力学的特性に起因する. 振動と回転を基底状態として運動エネルギー 200 meV で入射する分子の原子核波動関数を, 表面平行方向座標 X と反応経路座標 s の関数として図 3.16 に示す. ここで, 分子軸と表面法線のなす角を $\theta = 90°$, 分子軸の方位角を $\phi = 0°$, X に垂直な表面平行方向成分を $Y = 0$ に固定している. 気相側 ($s < -3$ Å) から飛来した分子は表面の活性化障壁に衝突するが, H_2 と D_2 のいずれについても, そのとき波動関数の染み出しは古典力学の限界を越えてポテンシャルエネルギーが 400 meV の領域まで到達している. 量子力学の一般的法則として, 波動関数の染み出しは波長と同程度になり, 同一エネルギーに対する波長は質量の平方根に反比例する. そのため, H_2 の場合の染み出しは D_2 よりも深い領域まで到達し, 波動関数のピークも H_2 の場合は D_2 よりも約 1 Å 深い領域に位置する. すなわち H_2 の方がより表面に接近して配向依存性や表面平行方向の起伏の大きい領域で散乱される. その結果, H_2 の方が高い非弾性散乱確率を示すことになる.

3.2.7　吸着水素の剝ぎ取りを伴う反応性散乱

水素が解離吸着した表面に水素原子のビームやプラズマを照射すると, 表面に

3.2 量子ダイナミクス

入射する水素原子が吸着水素原子と結合して表面から去る剥ぎ取り反応が起こる．この微視的反応機構はカップルドチャンネル法に基づく量子ダイナミクス計算によって定量的に明らかにすることができる．水素の解離吸着が起こる表面に水素原子が入射すると，まず表面からの引力により加速され，表面に到達するとポテンシャルエネルギーの周期的な起伏によって散乱される．その結果，表面垂直方向から平行方向への運動エネルギー転換によって水素原子の運動方向が変化する．断熱ポテンシャルエネルギーに基づく解析により，リディール・イーレー機構とホットアトム機構の寄与（2.4.4項参照）を定量的に評価できる．

水素が解離吸着した Cu(111) での入射水素原子運動に対する断熱ポテンシャルエネルギー曲面を図 3.17 に示す．但し，ここでは入射原子と吸着原子が構成する「分子」の相対座標系を採用している．入射水素原子が吸着原子の直上に向かって飛来する場合（$X = 0.00$ Å, 図 3.17 の A）は，原子間距離 r が水素分子の結合距離 (0.74 Å) まで接近する (B) と分子・表面間の相互作用が斥力的になり，反応経

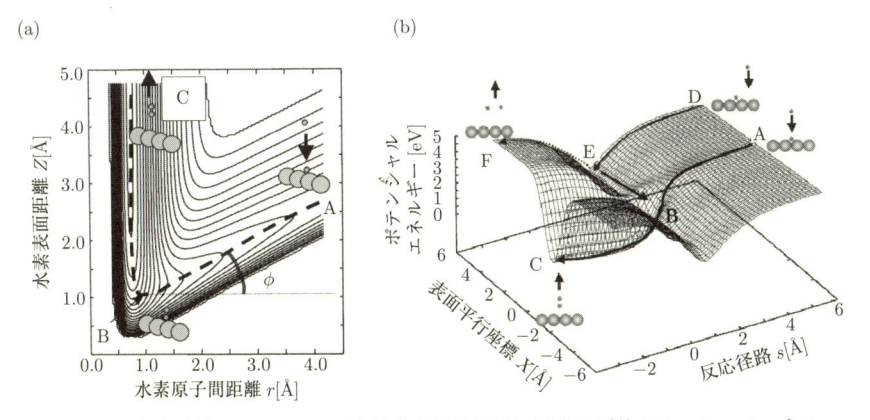

図 **3.17** 水素吸着 Cu(111) での入射水素原子運動に対する断熱ポテンシャルエネルギー曲面[33-36]
入射原子と吸着原子が構成する分子の質量中心座標の表面平行成分と垂直成分をそれぞれ X 及び Z で（X の原点は吸着原子の直上），原子間距離を r で与えている．Z は分子質量で重み付けされている．(a) は X を吸着原子の直上（$X = 0.00$ Å）に与え，r と Z の関数として表したものである（文献[33] より転載）．等高線間隔は 0.2 eV である．破線は反応経路を示す．(b) は反応経路座標 s と X の関数として表したものである（文献[36] より転載）．矢印の付いた曲線は入射時の X が吸着原子の直上と離れている場合の反応経路を表す．

路が分子として脱離する方向に湾曲する (B→C)．この経路はリディール・イーレー機構による過程に対応する．一方，確率的には入射原子が表面に衝突する地点は吸着原子から離れている場合が多い．この場合，遠方 (D) から飛来して表面に衝突すると，いったん表面に吸着して運動方向を表面平行に変え (E)，表面上を運動した後に吸着原子への衝突によって分子を構成し (B)，表面からの相互作用が斥力的になって表面から去っていく (C)．この過程はホットアトム機構による過程に対応する．入射運動エネルギーが低い場合，ステアリング効果によってこの反応経路をたどる反応が起こりやすくなる．しかし入射運動エネルギーが少し高くなり平行方向への運動エネルギー転換が大きくなると，吸着原子に接近しても分子を構成する前に転換点 (B) を通過してしまい，表面上に捕捉されたままになる．

剝ぎ取り反応と散乱の機構は吸着水素の被覆率に依存する．吸着水素はポテンシャルエネルギーの周期的な起伏に影響を与える．入射水素原子と脱離水素分子は量子効果により波動として振る舞うため，ポテンシャルエネルギーの起伏による散乱は回折現象をもたらす．図 3.18 は H_2 が並進運動状態 m_f 及び振動基底状態 $n_f = 0$ で脱離する反応確率 $P_{\text{reac}}^{\Theta_H}(m_f, n_f = 0)$ の角度分布の H 被覆率 Θ_H 依存性を示す．ここで，入射 H 原子の運動エネルギーは $E_t = 0.1$ eV であり，入射角は 10° である（運動エネルギーの表面平行成分は $E_i^{\parallel} = 0.0035$ eV）．それぞれの被覆率に対して特定の角度でピークを持つ共鳴構造がみられる．この共鳴

(a) 被覆率 $\Theta_H = 0.500$ ML
(b) 被覆率 $\Theta_H = 0.250$ ML
(c) 被覆率 $\Theta_H = 0.125$ ML

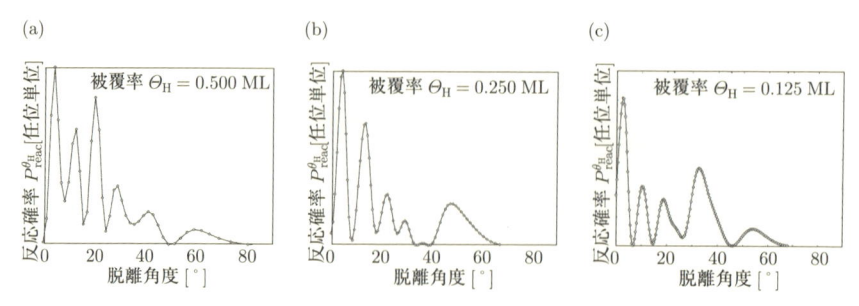

図 **3.18** H/Cu(111) への H 原子入射によって振動基底状態の H_2 が形成されて脱離する確率の角度分布（文献[35] より転載）
(a)，(b) 及び (c) はそれぞれ H の被覆率 Θ_H が 0.500 ML, 0.250 ML, 0.125 ML の場合を示す．横軸は H_2 の脱離角度，縦軸は反応確率を示す．入射エネルギーは $E_t = 0.1$ eV であり，入射角は 10° である．

は，入射 H 原子の回折や表面上における H 原子の束縛などの量子効果に起因する．入射 H 原子は表面に衝突するときに回折によって運動方向を表面平行に変え，表面上の 2 次元ポテンシャル井戸に束縛された状態で拡散する．そのとき，表面垂直成分から平行成分に運動エネルギーの移行 $\Delta E^\perp$ が起こるため，入射した H 原子の運動エネルギーは表面平行成分が $E_f^\parallel = E_i^\parallel + \Delta E^\perp$，垂直成分が $E_f^\perp = E_i - E_i^\parallel - \Delta E^\perp$ となる．拡散の過程で吸着 H 原子と衝突して H_2 を形成すると，反発力を受けて表面から去る．H_2 の脱離角度によって $E_f^\parallel$ と $E_f^\perp$ の比率が異なるが，特定の角度においては $E_f^\perp$ が次元ポテンシャル井戸の束縛準位に共鳴し，反応確率 $P_{\text{reac}}^{\Theta_H}(m_f, n_f = 0)$ のピークをもたらす．ここで，被覆率 Θ_H の違いは表面平行方向のポテンシャルエネルギーの起伏を変えるのみで垂直方向に影響を与えないため，ピークの現れる角度は Θ_H にほとんど依存しない．Θ_H 依存性は各ピークの強度に現れる．

運動自由度間のエネルギー移行の割合には，主要な反応機構の種類が反映される．ここで，脱離 H_2 分子の規格化された平均振動エネルギー

$$\left\langle E_{\text{vib}}^{\Theta_H} \right\rangle = \sum_{n_f} E_{\text{vib}}(n_f) \sum_{m_f} P_{\text{reac}}^{\Theta_H}(m_f, n_f) / P_{\text{tot}}^{\Theta_H} \tag{3.36}$$

及び表面平行方向の平均並進エネルギー

$$\left\langle E_{\text{para}}^{\Theta_H} \right\rangle = \sum_{m_f} E_{\text{para}}(m_f) \sum_{n_f} P_{\text{reac}}^{\Theta_H}(m_f, n_f) / P_{\text{tot}}^{\Theta_H} \tag{3.37}$$

を定義する．但し，$P_{\text{tot}}^{\Theta_H} = \sum_{n_f} \sum_{m_f} P_{\text{reac}}^{\Theta_H}(m_f, n_f)$ は全反応確率，$E_{\text{vib}}(n_f)$ は n_f に対する振動エネルギー，$E_{\text{para}}(m_f)$ は m_f に対する並進運動エネルギー表面平行成分である．$\sum_{n_f}$ 及び $\sum_{m_f}$ はそれぞれすべての n_f 及び m_f に関する和を示す．図 3.19 は $\langle E_{\text{vib}}^{\Theta_H} \rangle$ 及び $\langle E_{\text{para}}^{\Theta_H} \rangle$ の被覆率 Θ_H 依存性を示す．被覆率 Θ_H が低い場合は，入射 H 原子が吸着 H 原子に直接衝突する機会が著しく減少するため，ホットアトム機構の寄与のみが残る．ホットアトム機構では入射 H 原子が表面平行方向に運動して吸着 H 原子に衝突し，二原子の運動方向を表面平行に保ったまま脱離する確率が高くなる．そのため，低い Θ_H では $\langle E_{\text{vib}}^{\Theta_H} \rangle$ と $\langle E_{\text{para}}^{\Theta_H} \rangle$ がほぼ同じ値になる．それに対して Θ_H が高い場合は，リディール・イーレー機構とホットアトム機構の両方において入射 H 原子が吸着 H 原子に衝突する機会が増えるため，両機構の寄与が共に大きくなる．リディール・イーレー機構では入射

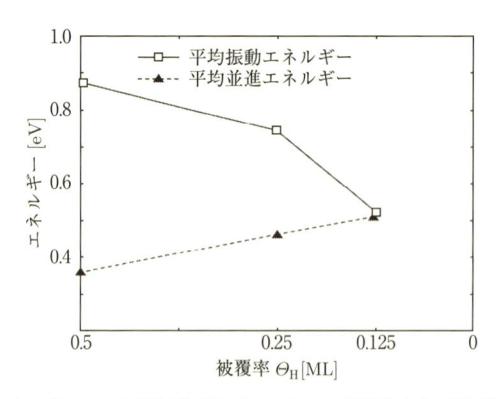

図 3.19 H/Cu(111) への H 原子入射によって H_2 が形成されて脱離する場合における,規格化された平均振動エネルギー $\langle E_{\rm vib}^{\Theta_{\rm H}} \rangle$ （□）及び表面平行方向の平均並進エネルギー $\langle E_{\rm para}^{\Theta_{\rm H}} \rangle$ （▲）の H 被覆率 $\Theta_{\rm H}$ 依存性（文献35)より転載）

H 原子が表面垂直方向に運動して吸着 H 原子に衝突するため, 二原子の運動方向が表面垂直成分を持つ. そのため, 高い $\Theta_{\rm H}$ では $\langle E_{\rm vib}^{\Theta_{\rm H}} \rangle > \langle E_{\rm para}^{\Theta_{\rm H}} \rangle$ の関係が見出される.

3.3 オルソ・パラ転換

原子核の量子力学特性には, 3.1 節及び 3.2 節で解説した波動としての性質のほかに, スピンを持つという性質がある. 原子核はスピン $\pm\frac{1}{2}$ のフェルミ粒子である陽子及び中性子とスピン 0 を持つボース粒子であるパイ中間子からなるため, 全体では $\frac{1}{2}$ の整数倍のスピンを持つ. 核スピンは各元素の各同位体に対して固有であり, 例えば軽水素原子核はスピン $\frac{1}{2}$ を持つフェルミ粒子, 重水素原子核はスピン 1 を持つボース粒子である. 分子の場合, 同種粒子間の量子論的な不可弁別性の要請から, フェルミ粒子の場合はスピン波動関数と軌道波動関数が対称・反対称あるいは反対称・対称のいずれかの組み合わせでなくてはならず, またボース粒子の場合は両方が共に対称あるいは反対称でなくてはならない. 分子の核スピン状態が異なることによって発生する異性体を核スピン異性体と呼ぶ.

例として, 2 個の軽水素原子からなる分子が真空中に孤立している場合を考える. 電子系と振動状態が基底状態にある場合は, 分子の内部自由度が回転と核スピンのみになる. 回転量子数 j と磁気量子数 m_j に対する回転波動関数は球面調

3.3 オルソ・パラ転換

和関数 $Y_j^{m_j}(\theta, \phi)$ で与えられ，置換に対しては

$$Y_j^{m_j}(\pi - \theta, \pi + \phi) = (-1)^j Y_j^{m_j}(\theta, \phi) \tag{3.38}$$

の対称性を持つ．従って，対称（オルソ，あるいはオルト，ortho）なスピン波動関数

$$S_\mathrm{o}(s, s') = \begin{cases} \sigma_\uparrow(s)\sigma_\uparrow(s') \\ \frac{1}{\sqrt{2}} \left[\sigma_\uparrow(s)\sigma_\downarrow(s') + \sigma_\downarrow(s)\sigma_\uparrow(s') \right] \\ \sigma_\downarrow(s)\sigma_\downarrow(s') \end{cases} \tag{3.39}$$

に対しては奇数の j に対する回転波動関数が対応し，反対称（パラ，para）なスピン波動関数

$$S_\mathrm{p}(s, s') = \frac{1}{\sqrt{2}} \left[\sigma_\uparrow(s)\sigma_\downarrow(s') - \sigma_\downarrow(s)\sigma_\uparrow(s') \right] \tag{3.40}$$

に対しては偶数の j に対する回転波動関数が対応する．ここで，$\sigma_\uparrow(s)$ と $\sigma_\downarrow(s)$ はそれぞれスピン座標 s におけるアップとダウンの状態の原子核スピン関数である．対称な核スピンを持つ水素分子をオルソ水素，反対称なものをパラ水素と呼ぶ．オルソスピン波動関数 $S_\mathrm{o}(s, s')$ が三重縮退しているため，常温におけるオルソ水素とパラ水素の存在比は 3 : 1 である．$j = 0$ から 1 への励起エネルギーは約 15 meV であるため，170 K 以下の低温で熱平衡に達すると $j = 0$ のパラ水素の比率が増加する．液化温度 (20.55 K) では 99.8% がパラ水素となる．

　温度変化に伴う存在比の変化はオルソ・パラ間転換（変換）によってもたらされる．気相では分子間の衝突がオルソ・パラ転換をもたらすが，スピン禁制な遷移であるためにその転換速度は常温常圧で約 3 年と非常に遅い[37]．しかし，水素分子が凝縮相の表面に衝突すると，表面との相互作用によって高速なオルソ・パラ転換が引き起こされる．表面におけるオルソ・パラ転換は，化学吸着系と物理吸着系のいずれでも起こり得る．銅表面などの化学吸着系では，熱平衡状態を介した間接散乱によりオルソ・パラ転換が起こり得る．これは，入射した水素分子が解離吸着して熱平衡に至ると水素原子間の相関が喪失するため，続く会合脱離においては入射条件に制限されず任意の核スピンを持つ水素原子の組み合わせが可能になるからである．これに対して酸化鉄や銀表面などの物理吸着系では，非対称な表面磁場と水素分子の核スピンに結びついた磁場との相互作用により，直接散乱によるオルソ・パラ転換が起こり得る．化学吸着系のオルソ・パラ転換の

機構は自明であるため,本節では物理吸着系の場合のみを解説する.

　原子核の交換を伴わないオルソ・パラ転換は,分子内の超微細相互作用(電子スピン・核スピン間相互作用)によって引き起こされる.超微細相互作用は,s電子の関与するフェルミ接触相互作用と p, d, f 電子の関与する磁気双極子相互作用に分類される.真空中に孤立した1分子においても相対論効果や非断熱効果を考慮すれば非常に小さい超微細相互作用は働き得るが,その機構によるオルソ・パラ転換速度は宇宙寿命程度と考えられ,実際には無視できる[38].超微細相互作用を発動させるためには,衝突や外場印加などによる対称性の破れが必要である.水素分子が表面に接近した場合は,電子・電子間及び電子・原子核間のクーロン相互作用に起因する分子・表面間の仮想電子遷移が介在し,表面が失われる回転エネルギーの退避先として機能することによって,オルソ・パラ転換が加速される[39].フェリ磁性や反強磁性の表面では起伏の激しい磁場が存在するため,水素分子の2個の原子核の感じる場の差異が大きくなり,超微細相互作用はより増大する.

　表面における超微細相互作用に起因したオルソ・パラ転換の機構を図 3.20 に示す.結合軌道に二電子が詰まった電子基底状態にあるオルソ水素が表面に接近

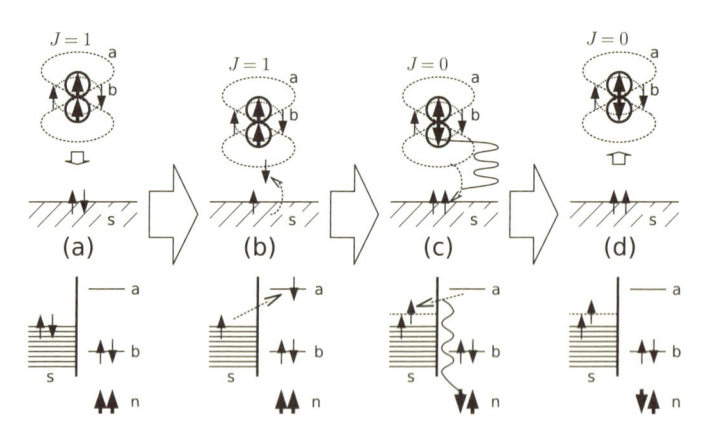

図 3.20　表面における超微細相互作用に起因したオルソ・パラ転換の概念図
上側は空間図,下側はエネルギー図を表す.(a) は回転状態 $j=1$ のオルソ水素の入射,(b) は表面から分子への仮想電子遷移,(c) は超微細相互作用による電子・核スピン反転を伴う分子から表面への電子遷移,(d) は回転状態 $j=0$ のパラ水素の脱離を表す.細い実線の矢印は電子スピン,太い矢印は核スピンを表す.s は表面の電子状態,b は分子の結合準位(軌道),a は反結合準位(軌道),n は核スピンを示す.

すると（過程 (a)），分子の反結合軌道と表面電子軌道との間に重なりが生じ，表面から分子への仮想電子遷移が起こる（過程 (b)）．この状態はエネルギー保存の条件から逸脱した仮想状態であるため，速やかに安定な状態に遷移する．このとき，水素分子の獲得した余分な電子が場のひずみにより超微細相互作用を誘起すると，系全体のスピンを保存するように回転冷却を伴う電子スピンと核スピンの反転が起こる（過程 (c)）．同時に，分子の反結合軌道から表面への電子遷移に伴い，回転冷却によって放出されるエネルギーを表面が受け取る．その結果，水素分子はパラ水素に転換され，表面から脱離する（過程 (d)）．過程 (b) と (c) はまれな事象であるため，転換速度はフェリ磁性・反強磁性表面などの場合でも秒程度の領域になる．

水素分子軸の向きは転換速度に影響を与える．分子軸が表面垂直である場合は，水素分子の 2 個の原子核の感じる場の差異が大きくなり，超微細相互作用が増大するため，転換速度が高くなる．反対に分子軸が表面平行である場合は，超微細相互作用が小さいため転換速度が低くなる．水素分子と表面がそれぞれ電子基底状態にある始条件の枠内では，超微細相互作用としてフェルミ接触相互作用 $H_{\mathrm{HC}} \propto \vec{I} \cdot \vec{S} \delta(\vec{r} - \vec{R})$ が主要に寄与する．ここで $\vec{r}$ と $\vec{S}$ はそれぞれ電子の座標演算子とスピン演算子，$\vec{R}$ と $\vec{I}$ はそれぞれ原子核の座標演算子とスピン演算子，δ はディラック演算子を表す．図 3.20 における過程 (b) をエネルギー E_i を持つ始状態 Ψ_i からエネルギー E_I を持つ中間状態 Ψ_I への電子に働くクーロン相互作用 H_{C} による遷移，過程 (c) を Ψ_I からエネルギー E_f を持つ終状態 Ψ_f へのフェルミ接触相互作用 H_{HC} による遷移と記述すると，オルソ・パラ転換収量 $W_{\mathrm{o} \to \mathrm{p}}$ は

$$W_{\mathrm{o} \to \mathrm{p}} = \frac{2\pi}{\hbar} \sum_f \left| \sum_I \frac{\langle \Psi_f | H_{\mathrm{HC}} | \Psi_I \rangle \langle \Psi_I | H_{\mathrm{C}} | \Psi_i \rangle}{E_i - E_I} \right|^2 \delta(E_i - E_f) \quad (3.41)$$

で与えられる．但し，δ はディラック関数を表す．

例として，ABO_3 ペロブスカイトの B 終端 (001) 表面に $j = 1$ のオルソ水素が接近した場合を定量的に考える．表面の B 原子が表面垂直方向に伸びる d 軌道を持ち，これが水素分子と相互作用すると仮定する．フェルミ接触相互作用とクーロン相互作用の電子座標・スピン及び核スピンに対する平均を，分子質量中心・表面間距離 Z と分子軸の表面法線方向に対する傾き θ の関数として，それぞれ $\langle H_{\mathrm{HC}}(Z, \theta) \rangle$ 及び $\langle H_{\mathrm{C}}(Z, \theta) \rangle$ と表記する．クーロン相互作用 $\langle H_{\mathrm{C}}(Z, \theta) \rangle$ はさ

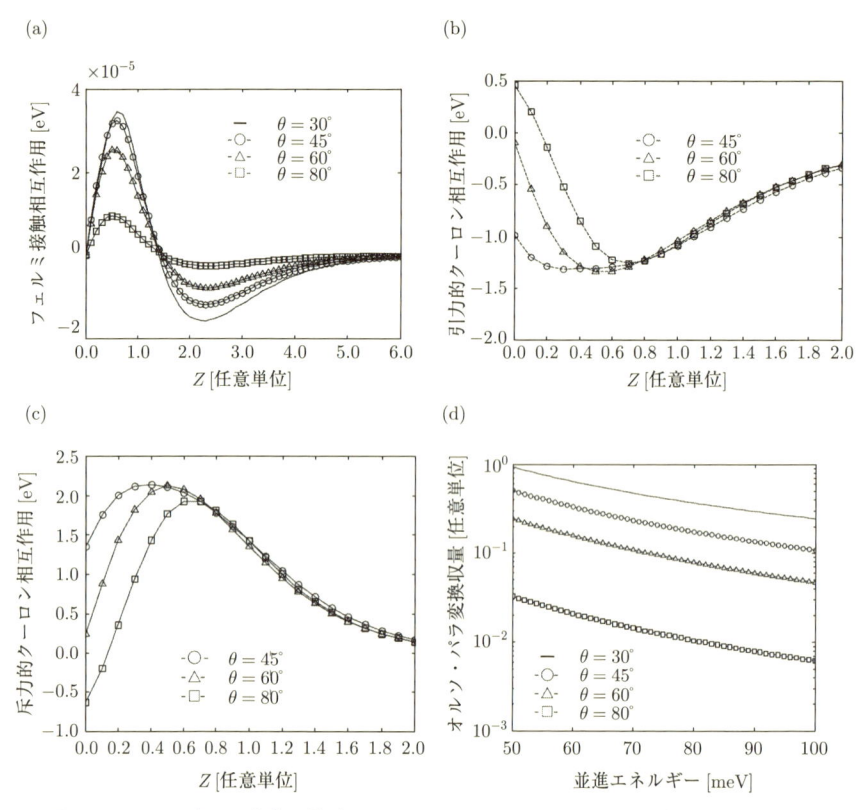

図 3.21 $j=1$ オルソ水素の接近した ABO_3 ペロブスカイトの B 終端 (001) 表面における (a) フェルミ接触相互作用 $\langle H_{HC}(Z,\theta)\rangle$, (b) 電子に働く引力的クーロン相互作用 $\langle H_{CA}(Z,\theta)\rangle$, (c) 電子に働く斥力的クーロン相互作用 $\langle H_{CR}(Z,\theta)\rangle$ の分子質量中心・表面間距離 Z 依存性, 及び (d) オルソ・パラ転換収量 $W_{o\to p}$ の入射並進エネルギー依存性 (文献[40] より転載)

θ は分子軸の表面法線方向に対する傾きを示す.

らに引力的な電子・原子核相互作用の成分 $\langle H_{CA}(Z,\theta)\rangle$ と斥力的な電子・電子相互作用の成分 $\langle H_{CR}(Z,\theta)\rangle$ に分けることができる. 図 3.21(a) はフェルミ接触相互作用の平均 $\langle H_{HC}(Z,\theta)\rangle$ を示す. θ が $0°$ に近づくほど水素分子軸は表面垂直になり, 2 個の原子核間で感じる磁場の差異が大きくなるため, フェルミ接触相互作用も大きくなる. 反対に $90°$ に近づくと水素分子軸は表面平行になり, 2 個の原子核間で感じる磁場が対称的になるため, フェルミ接触相互作用が小さくな

る．図 3.21(b) は引力的クーロン相互作用の平均 $\langle H_{\mathrm{CA}}(Z,\theta)\rangle$ を示す．水素分子が遠方 $Z \to \infty$ から表面に接近すると，まず水素原子核が表面の d 電子から引力を受けるために相互作用のエネルギーが降下するが，さらに接近を続けると極小を形成して上昇に転じる．このときの極小点 $Z_{\min}^{\mathrm{A}}(\theta)$ は表面 d 電子密度の最も高い位置に水素原子核が配置する幾何構造に相当する．$Z < Z_{\min}^{\mathrm{A}}(\theta)$ では表面 d 電子軌道の逆位相部分の寄与が斥力成分として現れ，特に分子軸の傾きが表面平行に近い場合は十分に接近した距離で引力成分と相殺する．$Z > Z_{\min}^{\mathrm{A}}(\theta)$ では分子軸の傾きが表面垂直に近い場合に，表面平行の場合と比較して，分子の反結合軌道と表面電子軌道との間の弱い混成に起因してわずかながら低いエネルギーをとるが，これは二原子分子が表面垂直に配向して吸着する傾向と関係している．図 3.21(c) は斥力的クーロン相互作用の平均 $\langle H_{\mathrm{CR}}(Z,\theta)\rangle$ を示す．この Z 依存性とその機構は図 3.21(c) の逆符を反転させたものに相当する．過程 (b) における表面から分子への電子移動の確率はクーロン相互作用の引力及び斥力成分の絶対値が大きいほど高い．分子運動を支配するポテンシャルエネルギーはクーロン相互作用の引力と斥力成分の和に相当するため，有効な相互作用の起こる領域は物理吸着距離に近い ($Z \gg Z_{\min}^{\mathrm{A}}(\theta)$)．式 (3.41) で与えられるオルソ・パラ転換収量 $W_{\mathrm{o}\to\mathrm{p}}$ を入射並進エネルギーの関数として図 3.21(d) に示す．入射並進エネルギーの増加に対して指数関数的に転換収量が減少するが，これは速度の増加により表面への接触時間が短くなることを反映している．分子軸の傾きが表面垂直に近い場合に転換収量が大きくなる傾向がみられるが，これは顕著な θ 依存性をみせたフェルミ接触相互作用に起因している．

3.4 水素量子ダイナミクスの測定方法

本節では，水素量子ダイナミクスの実験的測定方法について解説する．水素原子核の運動は，質量の小ささや電子を一つしか持たないこと，及びそのために起こる複雑な量子力学的振る舞いのため，他の元素と比較して直接観察可能な手法が限定される．表面における水素運動測定の代表的手法としては，低速電子回折 (low energy electron diffraction, LEED)[41,42]，高分解能電子エネルギー損失分光法 (high resolution electron energy loss spectroscopy, HREELS)[42-46]，低温走査トンネル顕微鏡 (low-temperature scanning tunneling microscopy, LT-STM)[47]，

共鳴核反応法 (nuclear reaction analysis, NRA)[48-50] が挙げられる．

LT-STM 及び LEED では水素の吸着構造を，それぞれ実空間と逆格子空間で観測できる．通常の STM 測定では水素を観測することはほぼ不可能であるが，水素原子核の運動エネルギーが小さい温度領域（100 K 以下）に試料表面を冷却すると，空間像やバイアス電圧に対するスペクトルが測定できる．LEED では数十～数百 eV のエネルギーの電子を試料表面に入射し，反射されてくる電子波の干渉パターンを計測する．このエネルギーの電子は表面から数 nm 程度の深さまでしか到達しないため，表面に関する情報のみが得られる．従って，観測される干渉パターンは，通常の回折法と異なり，2 次元格子の逆格子に対応する．水素原子核が古典粒子ではなく量子論的波動として振る舞うため，得られる結果の解析において原子核運動が電子運動に与える影響を考慮する必要があり，このことはシミュレーション技術の課題として残っている．

HREELS 及び NRA では表面に吸着した水素の振動エネルギーを計測でき，3.1 節で解説した量子様態計算との良い一致も見出されている．HREELS では，数 eV のエネルギーの電子を試料表面に入射し，非弾性散乱されてくる電子のエネルギーを計測する．得られるエネルギースペクトルは表面における振動やプラズモンなどの励起におけるエネルギー損失の情報を与える．エネルギースペクトルの散乱角依存性から，表面垂直方向と平行方向の振動モードを区別して検出することができる．表面に吸着子が存在すると，入射した電子は吸着子の作る電気双極子から長距離クーロン相互作用を受け，鏡面反射方向近傍に散乱される（双極子散乱）．このとき，その電気双極子による電場が金属表面の電子によって遮蔽されるため，電気双極子の表面平行成分はその鏡像と打ち消し合い，垂直成分との相互作用のみが有効になる（表面垂直双極子選択則）．その結果，鏡面反射方向における損失分光スペクトルは表面垂直方向の振動モードに起因する情報のみを与える[55]．表 3.1 に HREELS 測定による表面垂直方向に対する振動励起エネルギーを量子様態計算[51] と比較して示す．Cu(001) 表面での測定結果は，H 原子に対して 69.5 meV，D 原子に対して 53.2 meV であり，量子様態計算と対比すると，量子数 $n=1$ への励起エネルギー（H 原子に対して 108 meV，D 原子に対して 88 meV）に対応することがわかる．同様に，Cu(110) では $n=7$ への励起，Cu(111) 及び Pd(111) では $n=4$ への励起が起こっていることがわかる．

3.4 水素量子ダイナミクスの測定方法

表 3.1 Cu 及び Pd 表面に吸着した軽水素 H 及び重水素 D の表面垂直方向に対する振動励起エネルギーの量子様態計算による理論値[51]と高分解能電子エネルギー損失分光法 (HREELS) よる実験値 括弧内は D 原子の振動励起エネルギー,角括弧内は量子数を示す.

	理論値 [meV]	HREELS による実験値 [meV]
Cu(111)	135 $[n=4]$[52]	129[46]
Cu(001)	90.8 (67.2) $[n=1]$[53]	69.5 (53.0)[42]
Cu(110)	108 (88) $[n=7]$[53]	118 (80)[45]
Pd(111)	118 (91) $[n=4]$[54]	124[43]
Pd(001)	*	60.2[44]
Pd(110)	*	104[44]

　零点振動状態の実証を HREELS により行うことは難しいが,NRA では表面上に吸着した水素原子の波動関数の広がりや零点振動エネルギーなどを測定できる[48-50].この方法では,試料表面にイオンビームを衝突させて共鳴核反応を起こさせ,生成されるイオン,γ 線,中性子などの粒子を検出する.この方法により,0.1 原子層以下の水素振動状態に関する絶対値定量が可能である.表面上に吸着した水素原子は零点振動を行っており,その水素原子の振動方向によって共鳴エネルギーが異なる.例えば,水素原子がイオンビーム入射方向と同じ方向に変位している場合,水素原子の見かけの振動数はドップラー効果により小さくなるので,

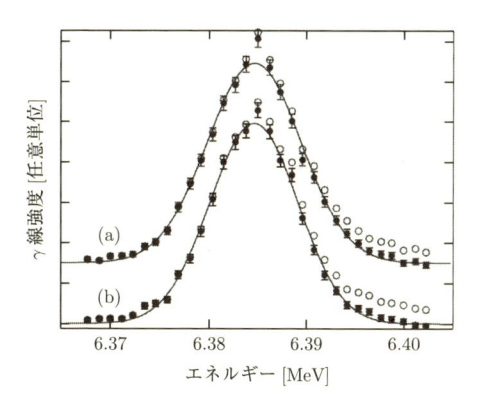

図 3.22 H/Pt(111) における共鳴核反応法によって測定された γ 線強度スペクトル (文献[48]より転載 (Copyright 2002 by The American Physical Society)) 横軸は入射 ^{15}N イオンビームのエネルギーを示す.(a) 及び (b) はそれぞれ入射角が 0° 及び 45° の場合を示す.白点と黒点はそれぞれバックグラウンドを差し引く前と後の値を示す.

共鳴エネルギーは水素原子が零点振動の中心に位置する場合の共鳴エネルギーより高くなる．逆に，水素原子がイオンビーム入射方向とは逆に変位している場合は，見かけの振動数が大きくなるため共鳴エネルギーは低くなる．この原理により，核反応生成物の強度を入射イオンビームのエネルギーの関数として表示すると，共鳴幅に零点振動エネルギーが反映される（図 3.22）．これは，水素波動関数を運動量空間で観測することに対応する．イオンビーム入射角度を走査することで，振動エネルギーを表面垂直成分と平行成分に分解して分析することもできる．Pt(111) 表面では水素の零点振動エネルギーが NRA 測定と量子様態計算の間で良く一致することが知られている[56]．

4

表面電子系のダイナミクスと強相関現象

本章では，表面電子系のダイナミクスの例として二光子光電子分光と電子遷移誘起脱離について，また強相関現象の例としてSTM測定における近藤効果に関連した現象について，理論の観点から解説する．

4.1 可視・紫外光による電子ダイナミクス

表面の仕事関数，分子吸着エネルギー，結晶のバンドギャップ，分子の最高被占軌道 (highest occupied molecular orbital, HOMO) と最低空軌道 (lowest unoccupied molecular orbital, LUMO) の差などは百 meV から eV の領域のエネルギーを持つ．このエネルギー領域に相当する可視・紫外光を吸収した物質系は熱揺らぎ（数十 meV）の範囲を越えた非平衡な電子励起状態に遷移する．この電子励起状態は他の電子や原子核振動などによる散乱，結晶への拡散，発光を伴う失活（輻射失活）などにより有限の寿命を持って緩和し，十分な時間が経過すると消失する．一般に原子核の感じるポテンシャルエネルギーは電子基底状態と励起状態で異なるため，電子励起によって化学反応が誘起され得る．この電子励起から緩和までの過程（電子ダイナミクス）は，触媒反応を含む光化学反応の機構を理解する上で重要な要素である．

気相分子の場合，同じ対称性を持つ電子準位間の光励起は双極子近似の下で禁制となる．また，完全なバルク結晶の場合，並進対称性により，光励起の前後で波数を保存しない遷移は禁制となる．しかし，表面・界面は面法線方向に対称性の失われた領域であるため，バルク結晶や気相分子で禁制となる遷移も起こり得る．また，バルク部分から表面・界面への，あるいはその逆の異なる対称性を持つ電子状態間遷移も起こり得る．

電子励起及び緩和の時間スケールは，電子状態の種類と緩和機構によって異なる．例えば，誘電応答を含む電子・電子散乱は（高次の鏡像力表面状態などを除き）サブフェムト秒からサブピコ秒程度の寿命をもたらす．また，格子振動や吸着子・表面間等における原子核の運動状態変化はサブピコ秒からピコ秒領域の時間で進行する．また，自然放射による輻射失活はナノ秒領域の時間で進行する．

時間とエネルギーの不確定性原理から，エネルギー保存則は励起及び緩和の進行途中である中間状態においては成り立たず，中間状態のエネルギーはエネルギー保存の条件から時間スケール Δt の逆数 $\Delta E = \hbar/\Delta t$ 程度のずれが許される．ここで，$\hbar$ はプランク定数である．これは，寿命 Δt を持つ中間状態が $\Delta E = \hbar/\Delta t$ のエネルギー幅（例えば 1 fs の寿命に対して 660 meV）を持つことに対応する．

中間状態の寿命は様々な分光法によって測定可能である．その中で，固体の電子励起状態の寿命や時間変化をほぼ直接的に測定できる二光子光電子分光法を取り上げる．光電子分光法は試料に光（電磁波）を照射して光電効果により放出される光電子の強度を光電子エネルギーで分解して計測する手法であり，そのうち二光子を吸収して放出された光電子を測定するものが二光子光電子分光法である．通常，二光子光電子分光法では光源としてフェムト秒からピコ秒の時間幅を持つ可視・紫外パルスレーザを用いる．光電子を励起した試料は正電荷を帯びた状態になるが，その正電荷が試料表面から速やかに去らなければ光電子の放出を妨げるため，対象となる試料は金属や半導体が主である．入射光は表面から数十Å程度まで侵入するため，光電子スペクトル（光電子エネルギーの関数として表した光電子強度）は表面上とバルクの表面近傍部分に関する情報を与える．

例として，表面の被占有準位と空準位を介した金属表面からの二光子光電子放出過程を図 4.1(a) に示す．被占有準位と空準位の間の共鳴から少しずれたエネルギーの光を照射した場合，光電子スペクトルには二つのピークが現れ得る．これらのピークは二種類の過程に起因する．一つは表面の被占有準位の電子が二光子を同時に吸収して光電子となる直接過程に対応し，もう一つは一光子吸収後に散乱を介して表面の空準位に電子が遷移し，続く光吸収によって光電子となる間接過程に対応する．直接過程のピークは被占有準位に二光子エネルギーを加えたエネルギー位置に現れ，間接過程のピークは空準位に一光子エネルギーを加えたエネルギー位置に現れる．光電子スペクトルにおいてエネルギー値を光エネルギーの分だけ差し引くと，それは「中間状態における有効な電子状態密度」を表す．

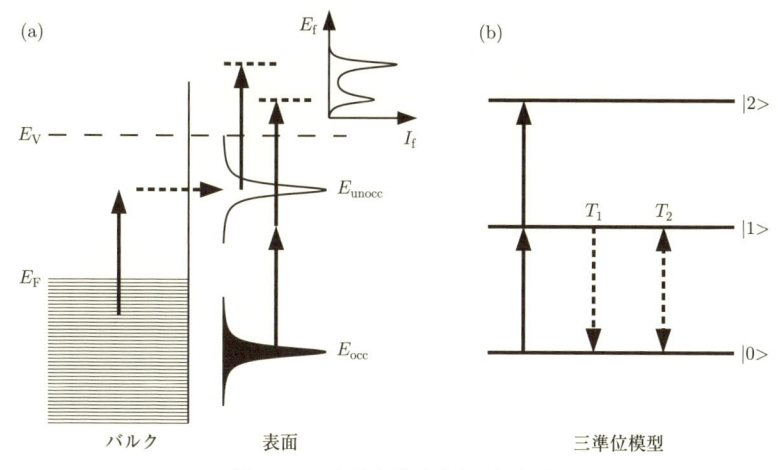

4.1 可視・紫外光による電子ダイナミクス

図 4.1 二光子光電子分光の概念図
(a) 表面の被占有準位 E_{occ} と空準位 E_{unocc} を介した光電子放出過程．E_V，E_F，E_f はそれぞれ真空準位，フェルミ準位，光電子エネルギーを示す．I_f は光電子強度を示す．実線の矢印は光励起，破線の矢印は散乱による遷移を表す．水平の破線は光電子準位を表す．(b) 三準位模型で表した光電子放出過程．T_1 と T_2 はそれぞれ縦緩和時間と横緩和時間を表す．

このとき間接過程によるピークは表面の空準位を表すが，直接過程によるピークは実在する準位を表さない．この観点から，直接過程によるピークは時間とエネルギーの不確定性原理から瞬間的にのみ存在できる「仮想準位」と呼ばれる．この仮想準位は，より原理的には，被占有準位と空準位の間で形成される分極が固有に持つエネルギーが吸収した光エネルギーに一致しない仮想状態に対応する．間接過程の機構は多様なものが考えられ，図 4.1(a) に示したバルク内光励起に起因する機構がその一つであるが，このほか，被占有準位から空準位への瞬間的な光励起に起因する機構も考えられる[57,58]．

二光子光電子放出過程は，しばしば三準位に簡単化された模型に基づいて解析される（図 4.1(b)）．この模型は，現象論的な始状態 $|0\rangle$，中間状態 $|1\rangle$ 及び終状態 $|2\rangle$ によって構成される．始状態 $|0\rangle$ は電子基底状態あるいは熱平衡状態である．中間状態 $|1\rangle$ は一光子を吸収した後の状態である．終状態 $|2\rangle$ は二光子を吸収した後に光電子が励起されている状態である．ここで，終状態 $|2\rangle$ のエネルギーは連続的な光電子準位から対応するものを一つ選択して決定される．中間状態 $|1\rangle$ は

散乱が激しく起こる不安定な状態である．一般に，ある準位にある電子が散乱されて別の準位に弾き飛ばされれば，もとの準位を占める電子数が減少することになる．この現象は，非弾性散乱により電子分布の散逸と共にエネルギー散逸が起こるという意味で，エネルギー緩和と呼ばれる．固体における非弾性散乱の機構としては，主に電子・電子散乱や自然放射が引き合いに出される．また，ある準位にある電子が散乱後ももとの準位に留まれば，もとの準位を占める電子数とその電子のエネルギーは変化しないが，運動の位相はかき乱される．この現象は，弾性散乱による位相緩和と呼ばれる．固体における弾性散乱の機構としては，主に電子・フォノン散乱や欠陥・不純物散乱が引き合いに出される．核磁気共鳴で起こる同様の現象との関連から，エネルギー緩和と位相緩和はそれぞれ縦緩和及び横緩和とも呼ばれる．慣例的に，エネルギー緩和時間は T_1，位相緩和時間は T_2 の記号で与えられることが多い．系の時間発展は密度行列 $\rho(t)$ に対する一体的なリウビル・フォンノイマン (Liouville-von Neumann) 方程式（あるいは量子リウビル方程式）

$$i\hbar \frac{\partial \rho_{mn}(t)}{\partial t} = [H_0 + W(t), \rho(t)]_{mn} - i\Gamma_{mn}\rho_{mn}(t) \quad (4.1)$$

$$\rho_{00}(t) \simeq 1 \quad (4.2)$$

によって記述される．$[A, B] = AB - BA$ は反交換子であり，下付き文字 mn は $m, n = 0, 1, 2$ に対する行列要素を示す．ここで，H_0 は無摂動ハミルトニアン，$W(t)$ は電磁場との相互作用，Γ は緩和係数行列であり，それぞれ

$$H_0 = \begin{pmatrix} \epsilon_0 & 0 & 0 \\ 0 & \epsilon_1 & 0 \\ 0 & 0 & \epsilon_2 \end{pmatrix} \quad (4.3)$$

$$W(t) = \begin{pmatrix} 0 & M_{10} & 0 \\ M_{01} & 0 & M_{21} \\ 0 & M_{12} & 0 \end{pmatrix} E(t) \quad (4.4)$$

$$\Gamma = \begin{pmatrix} 0 & \hbar/2T_1 + \hbar/T_2 & \hbar/T_2 \\ \hbar/2T_1 + \hbar/T_2 & \hbar/T_1 & \hbar/2T_1 \\ \hbar/T_2 & \hbar/2T_1 & 0 \end{pmatrix} \quad (4.5)$$

で与えられる．ϵ_0，ϵ_1 及び ϵ_2 はそれぞれ $|0\rangle$，$|1\rangle$ 及び $|2\rangle$ のエネルギーである．

この方程式に従う理論手法を密度行列法と呼ぶ．T_2 を有限値で与えたときは直接過程と間接過程の両方が再現されるが，$T_2 = 0$ では直接過程のみが再現される[59–61]．

三準位模型における現象論は，主に気相分子系で発展した光学応答理論から借用した概念に基づいており，金属・半導体の多体電子論に基づく微視的機構と直接対応しない場合がある．その一例として，被占有準位に生成された正孔の電子・電子非弾性散乱を介する二光子光電子放出機構を解説する．この機構は散乱を介するので間接過程に相当するが，最初の光励起が直接過程と同様に被占有準位と空準位の間で起こる（図 4.2）．光エネルギーが被占有準位と空準位のエネルギー差に非共鳴である場合，被占有準位と空準位の間で形成された分極は時間とエネルギーの不確定性原理から瞬間的にのみ存在できる「仮想分極」に相当する．続いて被占有準位の正孔がバルク電子に散乱されると，その結果，バルクの一電子が被占有準位に遷移すると共に別のバルク電子が励起される．このとき，バルク準位は連続的なので，散乱後の電子系の励起エネルギーが光エネルギーに一致するよう，遷移を起こすことが可能である．すると，仮想分極が被占有準位とバルクの間で形成された「実分極」に変化するため，空準位の電子が本来の緩和時間まで滞在できるようになる．この電子が続いて光励起されることで，空準位に一

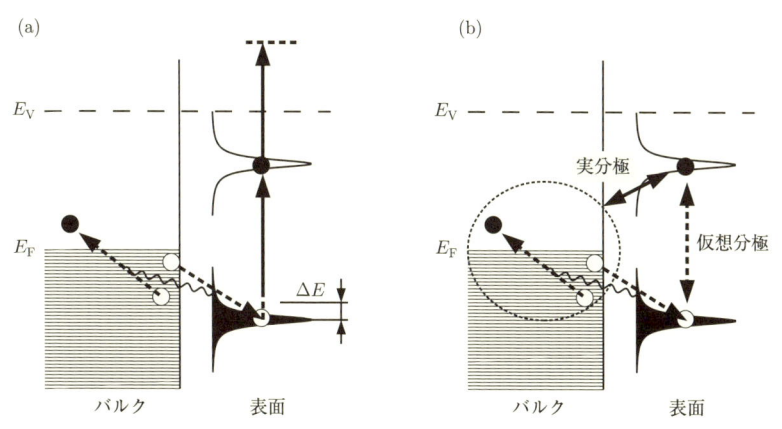

図 **4.2** 金属表面における散乱を伴う (a) 二光子光電子放出の微視的機構及び (b) 中間状態で形成される分極
但し，光エネルギーが被占有準位と空準位のエネルギー差より ΔE だけ低い場合である．

光子エネルギーを加えたエネルギー位置に光電子スペクトルのピークが現れる．

図 4.2 に示した機構に基づく光電子スペクトルの計算は，二体相互作用 V を露わに含んだ方程式

$$i\hbar\frac{\partial \rho(t)}{\partial t} = [H_0 + V + W(t), \rho(t)] \tag{4.6}$$

$$H_0 = \epsilon_q c_q^\dagger c_q + \epsilon_k c_k^\dagger c_k + \sum_f \epsilon_f c_f^\dagger c_f + \sum_p \epsilon_p c_p^\dagger c_p \tag{4.7}$$

$$V = \sum_{\kappa,\lambda,\mu,\nu} V_{\kappa\lambda/\mu\nu}\, c_\lambda^\dagger c_\kappa^\dagger c_\mu c_\nu \quad (\kappa,\ \lambda,\ \mu,\ \nu = q,\ k,\ f,\ p) \tag{4.8}$$

$$W(t) = \sum_f M_{fk} E(t)\, c_f^\dagger c_k + M_{kq} E(t)\, c_k^\dagger c_q + \text{H.c.} \tag{4.9}$$

に基づいて行わなければならない．ここで，$c_\mu^\dagger$ と c_μ はそれぞれ一電子状態 $|\mu\rangle$ に対する生成，消滅演算子である．H.c. はエルミート共役項を表す省略記号である．$|q\rangle$ は表面の被占有準位，$|k\rangle$ は表面の空準位，$|f\rangle$ は光電子準位，$|p\rangle$ はバルク準位に対応する．

観測時刻に依存する非平衡グリーン関数法（付録 A 参照）を用いて求めた Cu(111) のショックレー状態・$(n=1)$ 鏡像力表面状態間光励起に対応する光電子スペクトルを，三準位模型に基づいた巨視的現象論と比較して図 4.3 に示す．ここで，被占有準位（ショックレー状態）の寿命幅は 12.7 meV，空準位（$(n=1)$ 鏡像力表面状態）の寿命幅は 14.3 meV である．入射光の電場は単色定常光を仮定して $E \propto \cos(\omega t)$ で与えている．この場合，巨視的現象論による光電子スペクトルは単純な表式

$$\rho_{22}(\epsilon_2) \propto \frac{1}{(\epsilon_2 - \epsilon_1 - \hbar\omega)^2 + (\hbar/2T_1)^2}\frac{1}{(\epsilon_2 - \epsilon_0 - 2\hbar\omega)^2 + (\hbar/T_2)^2} \tag{4.10}$$

に帰着する．直接過程のピークは $\epsilon_0 + 2\hbar\omega$，間接過程のピークは $\epsilon_1 + \hbar\omega$ に現れる（この観点から，それぞれ 2ω ピーク，1ω ピークとも呼ばれる）．これらに対応した微視的理論におけるピーク位置は，直接過程に対して $\epsilon_q + 2\hbar\omega$，間接過程に対して $\epsilon_k + \hbar\omega$ である．スペクトルに現れるピーク構造の幅はそれらの寿命幅を反映している．微視的理論では直接過程のピーク構造に鋭く発散する構造が付随しているが，これは散乱によってフェルミ準位付近に無限小エネルギーの励起が起こるフェルミ面効果と呼ばれる現象である（極低温と非常に高いエネルギー分解能の条件下でのみ発現し得るが，観測例はまだない）．光エネルギー

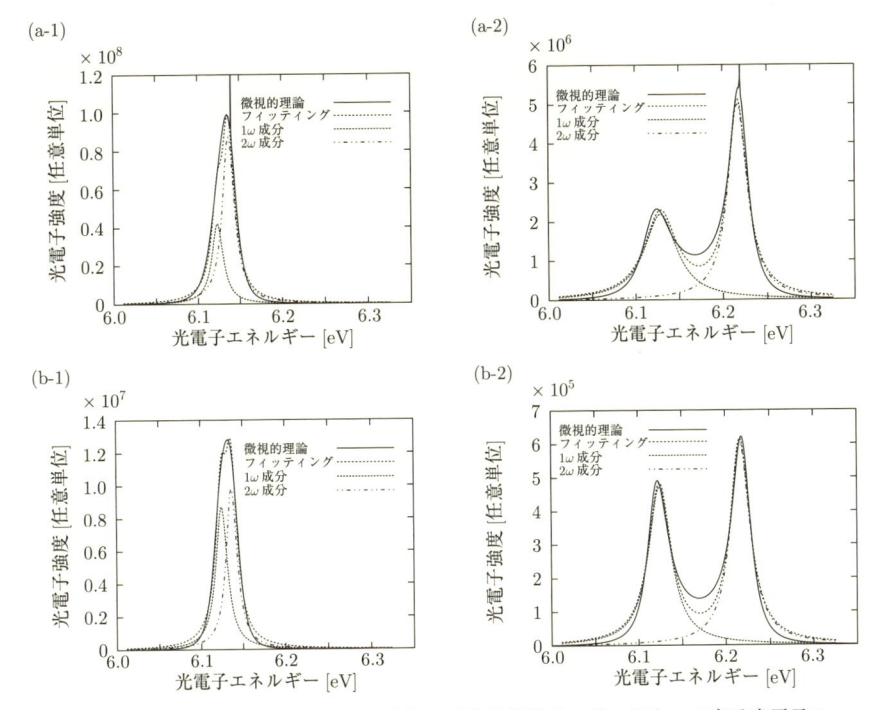

4.1 可視・紫外光による電子ダイナミクス

図 4.3 光エネルギーが表面被占有準位・空準位間共鳴に近い場合の二光子光電子スペクトル[57]

(a-1) 及び (a-2) はグリーン関数法による微視的理論，(b-1) 及び (b-2) は密度行列法による三準位模型に基づいた巨視的現象論の結果を表す．左側 ((a-1) 及び (b-1)) 及び右側 ((a-2) 及び (b-2)) はそれぞれ共鳴からのずれが $\Delta E = +20$ meV 及び $+100$ meV の場合に対応する．破線はローレンツ関数によるフィッティングとそれによって分解されたピーク成分を示す．1ω 及び 2ω はそれぞれ間接過程と直接過程に対応する．E_2 は光電子エネルギー準位を示す．縦軸の単位は微視的理論と巨視的現象論で異なるため，両者の間での絶対値比較は無意味である．

$\hbar\omega$ が共鳴（微視的理論では $\epsilon_k - \epsilon_q$，巨視的理論では $\epsilon_1 - \epsilon_0$）に近い場合，すなわちずれ ΔE が寿命幅程度以下の場合は，直接過程と間接過程が重なり合うが，ずれ ΔE が寿命幅よりも十分大きくなれば，二つのピークに分離する．そこで，このピーク構造を二つのローレンツ関数の和によるフィッティングで分解してみる．ローレンツ関数の和による表現は，直接過程と間接過程が互いに干渉しない場合のスペクトルに相当する．共鳴からのずれが大きい ($\Delta E = +100$ meV) 場

合は，二つのピーク構造の間にフィッティングからの差異がみられる．この差異は直接過程と間接過程の間の干渉効果に起因する．共鳴からのずれが小さくなると ($\Delta E = +20$ meV)，干渉による光電子強度の増強に起因して，分解されたスペクトル構造成分の幅が寿命幅よりも狭くなる（共鳴による線幅縮小）．

図 4.4 はスペクトル構造成分の幅を光エネルギーの関数として示している．巨視的現象論では，高エネルギー側と低エネルギー側の両方に対して，共鳴から十分に離れると直接過程のスペクトル幅は $\hbar/T_2$ に，間接過程のスペクトル幅は $\hbar/2T_1$ に収束する．微視的理論でも，直接過程のスペクトル幅は高エネルギー側と低エネルギー側の両方に対して一定値に収束する．この収束値は，被占有準位の寿命幅 $\hbar/2\tau_q$ に対応する（τ_q が寿命を表す）．間接過程のスペクトル幅は，低エネルギー側に対してのみ一定値に接近する（再び増加するのはスペクトル構造がフェルミ端に掛かって崩れるためである）．この接近値は，空準位の寿命 $\hbar/2\tau_k$ に対応する（τ_k が寿命を表す）．間接過程のスペクトル幅は高エネルギー側において増大する（強度の減少を伴い構造が潰れていく）が，これは散乱の位相空間（散乱に関与できるバルク電子準位の数）の増大を反映している．巨視的現象論を微視的理論に対応させると，$T_1 = (\tau_k^{-1} + \bar{\gamma}(\omega))^{-1}$ 及び $T_2 = 2\tau_q$ の関係が導かれる．但し，$\hbar\bar{\gamma}(\omega)$ は光エネルギー $\hbar\omega$ の場合における散乱位相空間の増大による寿命幅の増加分を表す．被占有準位と空準位の寿命は，共に電子・電子非弾性散乱に起因する．すなわち，多体電子論に基づけば，位相緩和もエネルギー緩和と

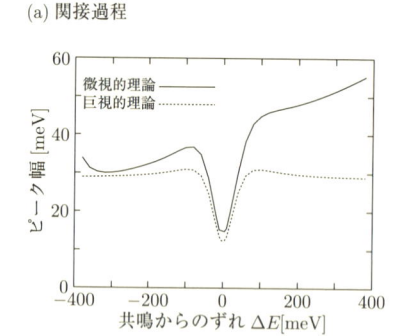

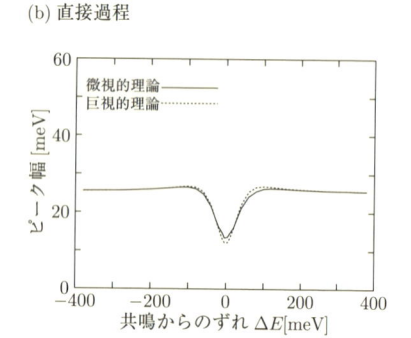

図 4.4 二光子光電子スペクトルにおける (a) 間接過程と (b) 直接過程に対応するスペクトル幅の光エネルギー依存性[58]
$\Delta E = 0$ が共鳴を示す．実線が微視的理論，破線が巨視的現象論に対応する．

同様に非弾性散乱に起因し得ることが示される.但し,図4.2(b)のようにバルク内の電子と正孔を一括りの電荷と見なせば,位相緩和の機構を仮想分極から実分極への準弾性散乱と見なすことができる.

フェムト秒以下の長さを持つレーザーパルスをビームスプリッタで分岐して一方にフェムト秒領域の遅延 t_d を設け,もとのビームと分岐ビームの両方を同一試料表面に照射すると,表面電子系の時間発展を直接追跡(時間分解測定)することができる.もとのビームと分岐ビームが同じエネルギー(単色)ならば,干渉型の時間分解スペクトルを得ることができる[62].それに対して,一方のビームを高調波に変換した場合(二色)は,二つのビームの役割をポンプとプローブに分けることができる.二色測定の場合,入射光の電場は $E(t) \propto E_1(t)\cos(\omega_1 t) + E_2(t-t_d)\cos(\omega_2(t))$ のように与えられる.但し,$E_1(t)$ 及び $E_2(t)$ はそれぞれポンプパルスとプローブパルスの包絡関数である.ここで例えば $\hbar\omega_1 = 2\hbar\omega_2 \simeq \epsilon_k - \epsilon_q$ の関係を持たせれば,最初の $|q\rangle$ から $|k\rangle$ への励起(ポンプ)において $E_1(t)\cos(\omega_1 t)$ の成分が選択的に作用する.そして $\epsilon_f \simeq \epsilon_q + \hbar\omega_1 + 2\hbar\omega_2$ から $\epsilon_f \simeq \epsilon_k + 2\hbar\omega_2$ の領域の光電子を計測すれば,ϵ_k 近傍からの励起(プローブ)において $E_2(t-t_d)\cos(\omega_2(t))$ の成分が選択的に作用することになる.時間とエネルギーの不確定性原理から,時間分解二光子光電子スペクトルの時間分解能とエネルギー分解能はトレードオフの関係にある.すなわち,無限小のパルス時間幅を与えようとすれば $E(t) \to E_1\delta(t) + E_2\delta(t-t_d)$ となり光エネルギーの情報が失われ,エネルギー分解能を追求すれば包絡関数の時間変化を抑制して $E(t) \to E_1\cos(\omega_1 t) + E_2\cos(\omega_2 t)$ となり遅延時間の情報が失われる.但し,$\delta(t)$ はディラックのデルタ関数,E_1 及び E_2 は定数である.この原理は単に観測だけの問題ではなく,系の振る舞いを制御する本質的な要素でもある.

微視的理論によって求められる時間分解二光子光電子スペクトルを図4.5に示す.ここでは,光パルスを電子寿命に近い時間幅(半値全幅 $t_\Delta = 60$ fs)の包絡関数 $E_1(t) = E_2(t) = \mathrm{sech}(1.76 t/t_\Delta)$ で与えている.エネルギースペクトルの遅延時間 t_d に対する変化から,$t_d = 0$ では直接過程のピークが優勢であるが,それは時間と共に減衰し,代わって成長した間接過程のピークが優勢になることが見出される.直接過程と間接過程のピーク位置に光電子エネルギーを固定して時間トレース(t_d 依存性)を取り出すと,直接過程に対しては $t_d = 0$ で最大値をとるのに対し,間接過程に対しては遅れた t_d で最大値をとることが見出される.時

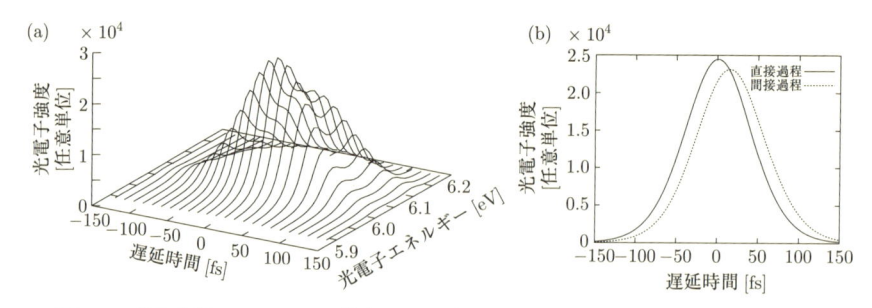

図 4.5 半値全幅 $t_\Delta = 60$ fs, 共鳴からのずれ $\Delta E = -100$ meV のポンプパルスに対する (a) 時間分解二光子光電子スペクトル及び (b) 直接過程（実線）と間接過程（破線）のピーク位置における時間トレース[58]. プローブパルスの時間幅はポンプパルスに等しく, エネルギーは 2.0 eV で与えている. エネルギー原点はフェルミ準位である.

間トレースの主要な特徴は入力パルスの包絡関数, 共鳴からのずれ ΔE 及び T_1（またはそれに対応する微視的寿命）で決まり, それに加えて T_2（またはそれに対応する微視的寿命）が小規模な補正を与える. 直接過程に対する時間トレースは, 中間状態が仮想励起状態であり, ポンプ励起に続いて直ちにプローブ励起が起こるため, 応答の遅れが生じない. それに対して間接過程に対する時間トレースは, 中間状態が T_1 程度の寿命を持つ実励起状態であり, パルスの立ち上がり部分で励起電子が蓄積されるため, 応答の遅れが生ずる. パルス時間幅を電子寿命より短くすると, 直接過程と間接過程のいずれにおいても $I_f(t) \propto \theta(t_d) \exp(t_d/T_1)$ の形状に近づき, 間接過程における応答の遅れは見えなくなる. 但し, $\theta(t)$ はステップ関数である. 反対にパルス時間幅を長くすると, ポンプパルスとプローブパルスの間に時間的な重なりが生じるが, T_2 を越える時間ではパルス間の位相相関が失われて光電子励起が抑制されるため, 時間トレースの時間幅が T_2 を反映してポンプパルスとプローブパルスの単純な重なり積分よりも縮小する. 微視的寿命（τ_k 及び τ_q）と巨視的緩和時間（T_1 及び T_2）の関係は, 定常光の場合の法則がそのまま適用できず, 光パルスのエネルギーや時間幅に依存する. 例えば, 図 4.5 の条件では, $T_1 \simeq (\tau_k^{-1} + \tau_q^{-1})^{-1}$ 及び $T_2 \simeq \tau_q$ の関係がみられる[58].

4.2 電子遷移誘起脱離

　表面で光吸収による電子励起，電子衝突・イオン衝突に伴う電子散乱，STM探針による電子注入・吸引が起こると，表面近傍の電子分布が変化する．その変化が顕著な場合，ポテンシャルエネルギーの変化を通して原子核運動状態を変化させる．特に吸着子・表面基盤間の結合に関与する電子状態が変化する場合は，その吸着子の脱離が起こり得る．表面における電子遷移によって引き起こされる脱離現象は，電子遷移誘起脱離 (desorption induced by electronic transitions, DIET) と総称される．特に，光吸収によって誘起される場合は光刺激脱離，電子ビームによって誘起される場合は電子刺激脱離と呼ばれる．

　電子遷移誘起脱離は，電子励起状態における原子核運動を本質とするため，理論的な取扱いが困難な現象である．通常は，電子運動と原子核運動の時間スケールの違いに基づき，最初の電子遷移過程とその後の運動過程を断熱的に分離する簡単化が行われる．前者の過程は前節で議論したような電子ダイナミクスの問題に帰着する．後者の過程に対しては幾つかの模型が提唱されているが，現象論的な基本概念はメンツェル・ゴーマー・レッドヘッド (Menzel-Gomer-Redhead, MGR) 模型とアントニビッチ (Antoniewicz) 模型によってほぼ確立され，具体的な系への適用はそれらの拡張によって成功することが多い[63]．MGR模型とアントニビッチ模型では，電子基底状態と電子励起状態の断熱ポテンシャルを仮定し，それらの間のフランク・コンドン (Franck-Condon) 遷移（原子核波動関数の重なりが大きい状態間の遷移）を考える．脱離確率 σ は最初の電子遷移が起こる確率 σ_0 とその後のフランク・コンドン遷移が起こる確率（フランク・コンドン因子）Y に対して $\sigma \simeq \sigma_0 Y$ の関係を持つ[*1]．MGR模型では，吸着子の感じる断熱ポテンシャルが電子遷移により表面に対して斥力型に変化し，それによって吸着子が外側に向かって加速されて脱離すると考える（図4.6(a)）．アントニビッチ模型では，吸着子の感じる断熱ポテンシャルが電子遷移により表面に対して引力型に変化し，それによって吸着子が一度表面側に接近した後に電子基底状態に脱励起し，斥力型に変化したポテンシャルを受けて脱離すると考える（図4.6(b)）．例えば，解離吸着系である H/Si(001) では，結合軌道から反結合軌道への光励起，反結合

[*1] 脱離確率は散乱問題との関連により脱離断面積 (cross section) で表されることが多い．

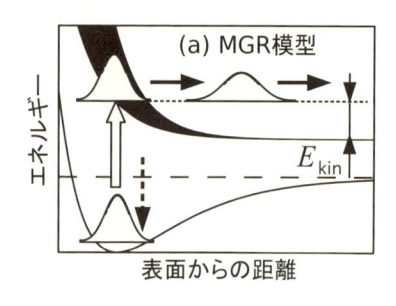

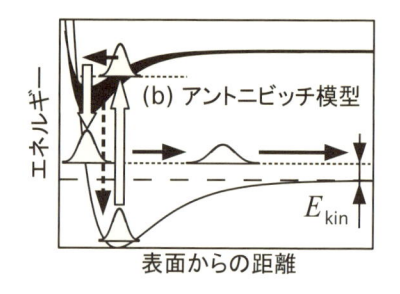

図 4.6 電子遷移誘起脱離の (a)MGR 模型及び (b) アントニビッチ模型に基づく機構　横軸は右が表面側，左が真空側を示す．E_{kin} は脱離後の運動エネルギーを示す．細い曲線と幅を持つ曲線はそれぞれ電子基底状態及び電子励起状態のポテンシャルエネルギー曲線を表す．

軌道への電子注入，結合軌道からの電子吸引がいずれも斥力的なポテンシャルをもたらすため，MGR 模型が適合することが知られている[63,64]．また，分子状化学吸着系である NO/Pt(111) では，吸着分子が空軌道への電子注入によってイオン化し，表面からの鏡像力によって引力的なポテンシャルを感じるため，アントニビッチ模型が適合することが知られている[63,65,66]．

いずれの模型においても，最初の電子遷移によって系が電子励起状態に移行するが，その状態は散乱やバルクとの共鳴による拡散などによってフェムト秒領域の寿命（すなわち meV から eV 領域の寿命幅）を持って緩和・消失する．その寿命内で原子核運動が加速された結果，吸着子が脱離に必要な原子核運動エネルギーを獲得すればそのまま脱離するが，そうでなければ吸着子は再び電子基底状態のポテンシャルに束縛される．ここで，再束縛された吸着子が運動エネルギーを振動エネルギーとして保持したまま続いて同様の励起過程を繰り返すと，その吸着子は振動エネルギーの蓄積を介して脱離に必要な運動エネルギーを獲得することができる．この多重電子遷移に誘起される脱離を DIMET (desorption induced by multiple electronic transitions) と呼ぶ．定常光・ナノ秒パルス光では DIET，ピコ秒・フェムト秒パルス光では DIMET が起こりやすい[63]．STM 誘起の場合は閾値の上では DIET，下では DIMET が主要に起こる[63,67]．

断熱ポテンシャルに基づく説明は万能ではなく，この枠組みを越えた議論が必要な場合もある．その一例として，主に TiO_2 などのイオン結晶においてみられるノーテク・ファイベルマン (Knotek-Feibelman) 機構を挙げる[68]．この機構で

4.2 電子遷移誘起脱離

は，まず，光吸収や電子衝突などによって吸着子や表面最外層原子に内殻正孔が励起される．続いてこの内殻正孔がオージェ崩壊 (Auger decay) すると，その結果，本来陰イオンとして存在する表面原子の価電子準位に二正孔あるいは多正孔が励起され得る．そのとき，その原子の電荷が反転すると，隣接イオンからの急激な反発が生じて陽イオン脱離が起こる．オージェ崩壊において連続状態にあるバルク電子が関与するため，断熱ポテンシャルを用いた議論は展開できず，電子遷移と原子核運動が絡み合う非断熱効果が本質的に重要である．

　断熱過程を越えた議論が必要なもう一つの例は，電子励起が基盤中の広がった状態間のみで起こり，吸着子への電子移動を伴わない場合である[69-71]．この条件は，例えば光刺激脱離において，光エネルギーが可視・紫外領域であり，かつ吸着分子の最高被占軌道及び最低空軌道の励起エネルギー（フェルミエネルギーとの差）よりも小さいときに満たされる．この場合，基底状態と励起状態の間で断熱ポテンシャルの形状にほとんど差がなく，従ってフランク・コンドン因子がほとんど零になる．この条件下では，光吸収に伴って電子励起と原子核運動の励起が非断熱的に同時に起こる．これは，言い換えると，原子核が直接的に光の電場から力を受けると共に，光エネルギーから原子核運動エネルギーを引いた余分なエネルギーが電子励起に消費されるコヒーレントな（すなわち瞬時に起こる）過程である．

　DIET 及び DIMET に関する理論及びシミュレーションは発展途上であり，定石と呼べる手法は確立していない．ここでは，いくつかの意欲的な関連文献を紹介する．電子刺激脱離に関しては，ニューンズ・アンダーソン (Newns-Anderson) 模型による電子論からのアプローチ[70,72,73]，タイトバインディング模型による電子論からのアプローチ[74]，2次元モデルポテンシャルによる方法[75]が試みられている．光刺激脱離に関しては，モデルポテンシャルによる方法[65,66,76-80]，タイトバインディング模型による電子論からのアプローチ[69-71]，第一原理電子状態計算を援用したモデルポテンシャルによる方法[81]が試みられている．シミュレーションの困難性は，原子核運動に対する現実的な（非）断熱ポテンシャルが考慮されるように，フェムト秒領域の電子ダイナミクスと原子核の量子ダイナミクスを取り扱わなくてはならないことに起因する．微視的理論による DIET 及び DIMET の機構解明に関しては，今後の発展が期待される．

4.3 磁性原子吸着金属表面における近藤効果とRKKY相互作用の実空間描像

4.3.1 近藤効果

電子スピンのかかわる強相関相互作用は自由電子模型からはかけ離れた理論体系を持つ多体問題であり，磁性，超電導，近藤問題等，様々な主題を通して研究者を魅了してきた．多体問題としての本質により，非経験的な第一原理に基づく解析は多くの現象に対していまだ不可能であるが，強相関相互作用が電子の局在性と表裏一体の関係にあることを利用して電子軌道の自由度を制限することにより，ハバード (Hubbard) 模型，sd 模型やアンダーソン (Anderson) 模型を代表とする簡単化された模型を出発点として多くの現象を説明することに成功してきた．これらの理論はまずバルクの特性を説明するために発展したが，その理論の中で議論される局在スピンの描像や微視的振る舞いは物質の中に隠れた事象であるために，直接確認できない「理論上の現象」であった．しかし，1980 年代以降の走査プローブ顕微鏡や微細加工の技術の発展に伴い，強相関現象の原因となるナノ構造を表面に作成し，これまでの「理論上の現象」を直接観測することが可能になった．この発展の意義は単に現象の理解を深めるだけでなく，現象を左右する微視的パラメータを実験的に調整して新規の現象を発現させ，それに基づき従来発想を越えたデバイスの発明をもたらす可能性を秘めているところにある．本節では，1990 年代より盛んになった STM 観察が金属表面と磁性原子で構成される「近藤系」の特性について解説する．

通常の金属では，電気抵抗が主に格子振動による電子散乱に起因して温度の 5 乗に比例し，この法則をそのまま絶対零度まで適用すると零抵抗に収束することになる．しかし金属中に磁性原子を不純物として含む場合（希薄磁性合金）は，極低温領域で不純物磁性原子上の局在スピンと伝導電子との間の強相関相互作用が発生し，電気抵抗が温度の低下と共に対数的に増加する振る舞いを見せる．その結果，電気抵抗はある温度で極小をとる．さらに低温になると，伝導電子と局在スピンが一重項（芳田・近藤一重項）を形成し，その結果，局在スピンが遮蔽により消失することでパウリ常磁性を持つ局在フェルミ流体となり，電気抵抗が一定値に収束していく．対数的な振る舞いから一定値に収束していく振る舞いへ

4.3 磁性原子吸着金属表面における近藤効果と RKKY 相互作用の実空間描像

転換する温度を近藤温度と呼ぶ．以上の電気抵抗極小をとる温度及び近藤温度近傍における一連の現象に関連する多体問題は近藤問題と呼ばれ，強相関物理学の一領域を形成している．また，近藤問題に関係した局在スピンと伝導電子との間の強相関相互作用に起因する諸効果は近藤効果と総称される．アンダーソン模型や sd 模型は簡単な模型であるが，近藤効果の本質を的確に含んでいる[82-88]．バルクの近藤効果に関しては，1960 年代の近藤による電気抵抗極小の機構解明[89]に始まり，1970 年代の芳田及び山田による摂動展開[84,90]やウィルソン (Wilson) による数値繰り込み群による解析手法の開発[91]を経て，1980 年代のアンドレイ (Andrei)，ヴィーグマン (Wiegmann)，興地，川上による sd 模型及びアンダーソン模型の厳密解の導出[92-95]，並びにズラティッチ (Zlatić) 及びホルヴァティッチ (Horvatić) による厳密解と芳田・山田の摂動展開との等価性の証明[96]をもって全容がほぼ完全に解明された．1980 年代以降の研究対象は，表面などの有限サイズ系における振る舞いやその観測手法に関する問題などに発展している．

図 4.7(a) は芳田・近藤一重項状態における局在電子スピンの遮蔽機構を示す．

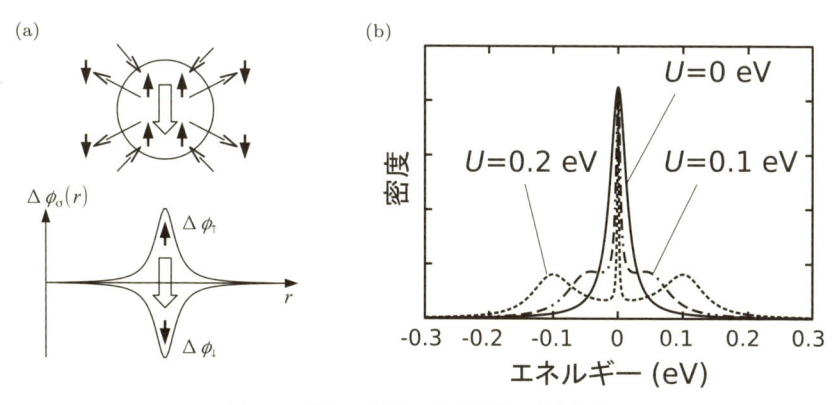

図 4.7 芳田・近藤一重項状態の形成機構
(a) 伝導電子スピン（小さい矢印）による局在電子スピン（大きい中抜き矢印）の遮蔽．上側は下向きの局在電子スピンの近傍に伝導電子状態の上向きスピン成分の寄与が集まり，代わりに下向き成分の寄与が逃げる様相を表す．局在スピンを囲む円は，この領域ですべての電子スピンを総和すると伝導電子スピン成分の寄与が局在電子スピンに釣り合うことを示す．下側は局在電子スピン近傍での伝導電子空間分布の変化 $\Delta\phi_\sigma(r)$ を表す．(b) 局在軌道に射影された状態密度の，重なり積分 $t = 15$ meV におけるクーロン相互作用 U 依存性．横軸はフェルミ準位を原点としたエネルギーを表す．

電子間相互作用が準位間隔より小さい理想的な伝導電子系では，パウリの原理により，すべての状態を上向きと下向きのスピンを持つ2電子で埋める一重項状態が最安定である．一方で，同一軌道を占める電子間の相互作用が準位間隔より大きい局在電子系では，フントの規則により，電子スピンの向きをそろえて各準位を一電子のみで埋める多重項状態の方が安定となり，スピン分極が起こる．伝導電子系と局在電子系が出会う近藤系では，伝導電子状態が局在電子状態と混成する（すなわち線形結合の状態を作る）ことで，伝導電子が局在電子の近傍に集合する共鳴状態が形成される．その結果，局在スピンと逆向きのスピンを持つ伝導電子の成分の寄与が局在スピンの近傍に集まることで，一重項状態が最安定となり，局在スピンの磁気モーメントが見かけ上消失する．但し，この場合も局在スピンの特性は遮蔽によって隠れているだけであり，強い磁場を印加するとゼーマン分裂に起因する現象が発現する．局在スピンと同じ向きのスピンを持つ伝導電子の成分は空準位に寄与することになり，その結果，局在スピンの近傍から逃げることになる．図4.7(b)は，電子正孔対称のアンダーソン模型

$$H = \sum_{k,\sigma} \epsilon_k c_{k\sigma}^\dagger c_{k\sigma} + \sum_\sigma \epsilon_d d_\sigma^\dagger d_\sigma + t \sum_{k,\sigma} \left[c_{k\sigma}^\dagger d_\sigma + d_\sigma^\dagger c_{k\sigma} \right] + U d_\uparrow^\dagger d_\uparrow d_\downarrow^\dagger d_\downarrow \quad (4.11)$$

に基づいて得られる，局在軌道に射影された電子状態密度を示す．但し，$c_{k\sigma}^\dagger$, $c_{k\sigma}$ 及び ϵ_k は波数 k，スピン σ の伝導電子に対する生成・消滅演算子及び無摂動エネルギー準位，$d_\sigma^\dagger$, d_σ 及び ϵ_d はスピン σ の局在電子に対する生成・消滅演算子及び無摂動エネルギー準位である．アンダーソン模型を特徴付けるパラメータは局在電子軌道と伝導電子軌道の重なり積分 t と局在軌道を占める二電子間に働くクーロン相互作用 U であり，フェルミ準位 E_F 上で状態密度 $\bar{\rho}(E_F)$ を持つ伝導電子との共鳴幅 $\Delta = \pi |t|^2 \bar{\rho}(E_F)$ に対して，U/Δ の小さい場合は弱相関，大きい場合は強相関の特性を示す．$U = 0$ の場合，局在スピンはもともと存在せず，伝導電子と局在電子の一体的な共鳴状態がフェルミ準位の近傍に形成されている．U が Δ に比べて大きくなると，$\pm U/2$ のエネルギー位置に局在性の高い共鳴状態が形成される一方で，フェルミ準位近傍の構造が細くなる．このときのフェルミ準位近傍のピーク構造は近藤温度 $k_B T_K$ 程度の幅を持ち，芳田・近藤ピークと呼ばれる．但し，k_B はボルツマン定数である．芳田・近藤ピークは局所フェルミ液体と呼ばれる準粒子状態に起因し，近藤系の低温特性を特徴付ける．

4.3.2 磁性原子吸着金属表面における近藤効果

走査トンネル顕微鏡技術の発展は，近藤効果の研究に新しい局面を切り開いた．例えば，図4.8(a)に示す配置で磁性原子が吸着した金属表面を走査トンネル顕微鏡によって観測することにより，局在スピン遮蔽等の近藤効果の素過程を実空間で直接実証するのみならず，表面ナノテクノロジーに基づくスピントロニクス（スピン自由度を活用したデバイスなどへの応用）技術への発展が可能になった．これは，理論的には，従来のアンダーソン模型や sd 模型に基づく研究が想定していなかった複雑な対称性を持つ系への発展に対応する．図4.8(b)はCu(111)に吸着したFe原子の近傍における温度4 K，バイアス電圧0.02 Vに対する定電流

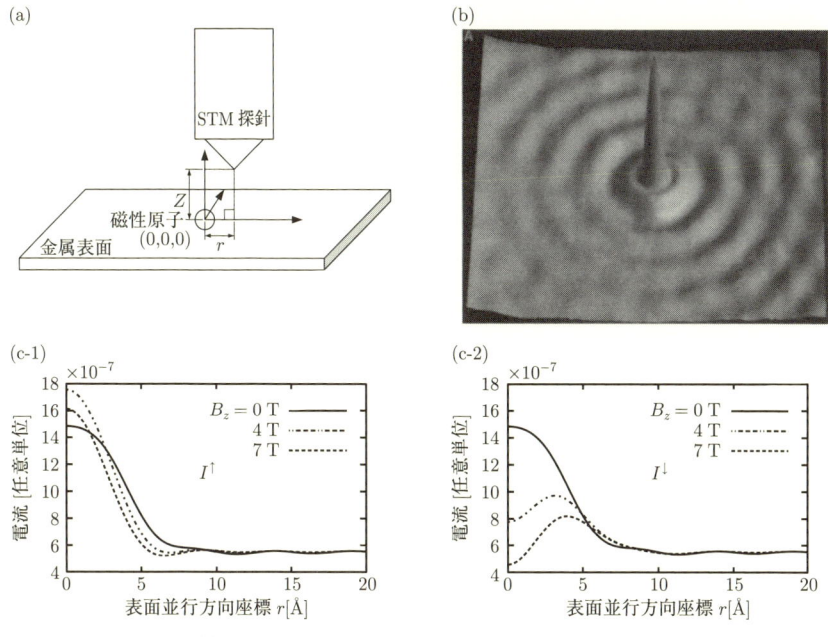

図 4.8 磁性原子の吸着した金属表面における STM 観察と近藤効果
(a) 表面，磁性原子及び STM 探針の空間配置．(b) Fe/Cu(111) での実験による温度 4 K，バイアス電圧 0.02 V 及び電流 1.0 nA に対する定電流 STM 像（文献[97]より転載）．描画領域は 130 Å × 130 Å である．(c) 理論計算による (c-1) 上向きスピン (↑) 状態及び (c-2) 下向きスピン (↓) 状態に射影されたトンネル電流 $I^\uparrow(r,z)$，$I^\downarrow(r,z)$ の磁場 B_z 依存性．横軸は磁性原子直上を原点とした表面平行方向の座標 r を表す．短針・表面間距離は $z = 15$ Å である．但し，温度は絶対零度，バイアス電圧は 0 V の極限で与えられている．但し，Mn/Al$_2$O$_2$/NiAl(110) の場合に対応する．

STM 像である．この像はフェルミエネルギー E_F 近傍 ($E_F \sim E_F + 0.02$ eV) の電子波動関数を反映している．中央の突起は吸着原子の局在 d 軌道と探針の間のトンネリングに起因する．突起の回りに同心円上に広がるフリーデル振動 (Friedel oscillation) 構造は，吸着原子によって散乱された表面電子状態（ショックレー状態）の形成する定在波を反映している．局在 d 軌道を 2 電子が占有しようとすると強いクーロン反発が電子間に働き，結果的に局在 d 軌道は同時に 1 個の電子しか占有できなくなる．そのため局在 d 軌道を占める電子は局在スピンとして振る舞う．ショックレー状態の電子は表面垂直方向には束縛されているが平行方向には非局在化した 2 次元伝導電子として振る舞う．吸着原子上の局在スピンと 2 次元伝導電子の組み合わせは，希薄磁性合金における磁性不純物上の局在スピンとバルク伝導電子の組み合わせに対応する．表面における近藤効果の発現は，スピン分解 STM によるトンネル電流の磁場依存性などから確認することができる[98,99]．図 4.8(c) はトンネル電流の探針座標 r と z 方向に印加された磁場 B_z に対する依存性を，上向き (↑) と下向き (↓) の各電子スピンに対する寄与に分離して表示した理論計算結果を示す．但し，上向きと下向きの方向は，それぞれ磁場の方向とその反対方向に対応する．吸着原子直上 $r = 0$ でみられる高いトンネル電流は芳田・近藤ピークを反映している．局在スピンに T_K を上回る磁場が作用すると，局在軌道準位のゼーマン分裂を反映して，芳田・近藤ピークの上向きスピン成分が高エネルギー側に，下向きスピン成分が低エネルギー側に分裂する．すると，電子が探針から局在軌道にトンネルする過程と伝導電子軌道にトンネルする過程の干渉が，上向きスピン成分に関してはトンネル電流を増強する位相で寄与し，下向きスピン成分に関しては阻害する逆位相で寄与するようになる．その結果，トンネル電流のスピン依存性が吸着原子直上 $r = 0$ で顕著に現れる．すなわち，図 4.8(c) の特性を観測することは，図 4.7(a) に示した伝導電子による局在スピンの遮蔽を実空間で観察することに対応する．

磁性原子近傍で探針位置を変えて電流 I のバイアス電圧 V 依存性を測定し，そのデータに基づいて微分コンダクタンス dI/dV をプロットすると，探針近傍の電子軌道に射影された状態密度に関する情報を取得することができる．図 4.9(a) は Co 原子の吸着した Au(111) において測定された微分コンダクタンス dI/dV を示す．Co 原子直上 (0 Å) では原点近傍で非対称な V 依存性をとるが，Co 原子から離れると対称になり，さらに離れると有意な V 依存性は見えなくなる．Co の

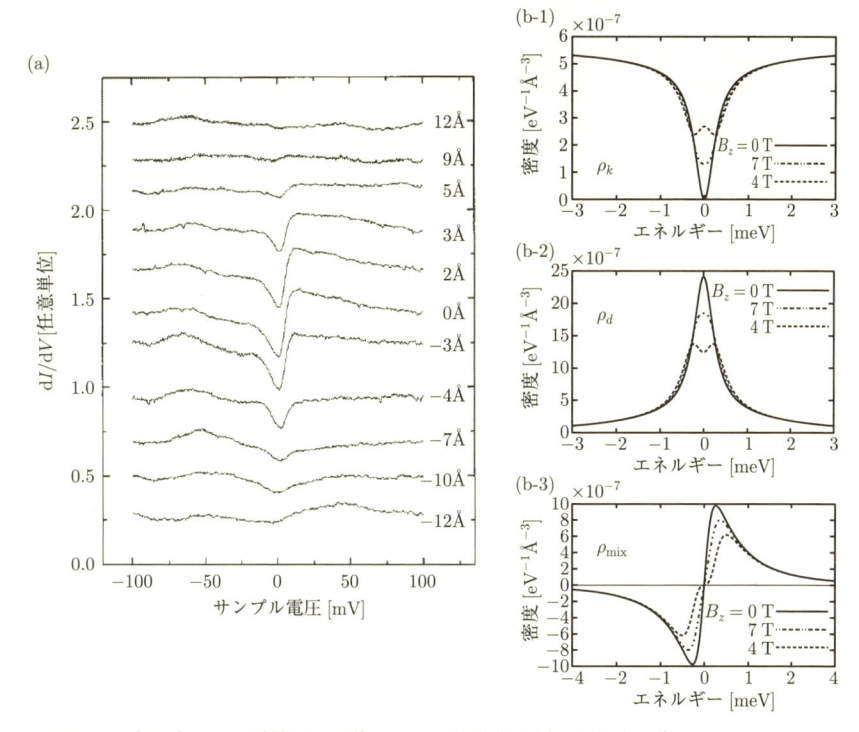

図 4.9 金属表面上の磁性原子近傍に STM 探針を配置した場合の微分コンダクタンス dI/dV
(a) Co 原子の吸着した Au(111) における異なる探針位置での測定値（文献[100] より転載）．縦軸は任意の単位で表した微分コンダクタンスであり，Co 原子直上を原点とした表面平行方向の座標ごとにオフセットが与えられている．(b) 局在軌道に射影された状態密度の各成分（(b-1) ρ_k, (b-2) ρ_d, (b-3) ρ_{mix}）のエネルギー及び磁場 B_z 依存性．エネルギー原点はフェルミ準位である．但し Mn/Al$_2$O$_3$/NiAl(110) の場合[99,101] に対応する．

d 電子軌道は真空側に局在して張り出しているため，探針がその近傍に位置するときは探針・表面間の波動関数の重なりが大きくなり，電子遷移が起こりやすい．探針・表面間の電子遷移は Co の d 電子軌道を介するものと 2 次元伝導電子軌道を介するものがあり，非対称な V 依存性はそれらの過程の間のファノ (Fano) 干渉[102] に起因する．ファノ干渉は，離散（局在）状態と連続（非局在）状態が共鳴する量子系において一般的にみられる現象であり，同一の終状態（例えば探針から表面へ電子がトンネルした状態）に至る複数の量子過程の間に位相差が生じ

ることによって発現する．近藤効果とファノ干渉効果の同時発現は，ナノスケール・メゾスコピックスケールの観点からの近藤問題への取り組みが進むにつれて注目が集まりだした現象であり，STM 実験以外にも量子ドット系[103-107]などにおいて研究者の関心を呼んでいる．探針が Co から離れると Co の d 電子軌道を介する電子遷移の寄与がなくなるため，ファノ干渉が消失し，対称な V 依存性を示すようになる．さらに Co から離れると，2 次元伝導電子の定在波の密度がベッセル関数に従って同心円上に広がりつつ弱くなり，有意な信号が見えなくなる．

以上で説明した特性は簡単な理論で示すことができる．円筒座標系で表示した探針位置 $\vec{R} = (r, \theta, z)$ におけるスピン σ に対する微分コンダクタンス $\mathrm{d}I^\sigma(\vec{R}; V)/\mathrm{d}V$ は，低バイアス電圧の条件下で，

$$\frac{\mathrm{d}I^\sigma(\vec{R}; V)}{\mathrm{d}V} \simeq \frac{2\pi e^2}{\hbar} \int \mathrm{d}\epsilon \left[-\frac{\partial f(\epsilon - eV)}{\partial V} \right] \rho^\sigma(\vec{R}; \epsilon) \tag{4.12}$$

より，探針近傍の電子軌道に射影された状態密度 $\rho^\sigma(\vec{R}; \epsilon)$ と関係付けられる．ここで，$f(\epsilon)$ はフェルミ分布関数，r は磁性原子上を原点とした表面平行方向の座標，z は垂直方向の座標（探針・表面間距離），e は素電荷を表す．但し，表面平行方向の対称性は，磁性原子上を中心として等方的であると仮定している．絶対零度の極限では，$\mathrm{d}I^\sigma(\vec{R}; V)/\mathrm{d}V \simeq (2\pi e^2/\hbar) \rho^\sigma(\vec{R}; E_\mathrm{F} + eV)$ となる．ここで，E_F はフェルミ準位である．状態密度 ρ^σ は探針・伝導電子軌道間遷移の成分 ρ_k^σ，探針・局在電子軌道間遷移の成分 ρ_d^σ，及びそれらの遷移の干渉成分 ρ_mix^σ の和

$$\rho^\sigma = \rho_k^\sigma + \rho_d^\sigma + \rho_\mathrm{mix}^\sigma \tag{4.13}$$

として記述できる．但し，各項は

$$\begin{aligned}
\rho_k^\sigma(\vec{R}; \epsilon) &= -\frac{1}{\pi} \sum_{k,k'} \phi_k(\vec{R}) \,\mathrm{Im}\, G_{kk'\sigma}(\epsilon) \, \phi_{k'}^\dagger(\vec{R}) \\
&= \frac{\Delta}{\pi|t|^2 \Omega} \mathrm{e}^{-2z/\lambda} - \frac{\Delta^2}{\pi|t|^2 \Omega} [J_0(k_\mathrm{F} r)]^2 \, \mathrm{e}^{-2z/\lambda} \\
&\quad \times \frac{\frac{\Delta}{2} \left\{ \left(\frac{\epsilon}{k_\mathrm{B} T_\mathrm{K}} \right)^2 + \left(\frac{\pi T}{k_\mathrm{B} T_\mathrm{K}} \right)^2 \right\} + \Delta}{\left[\epsilon + \Delta \left\{ \frac{\epsilon}{k_\mathrm{B} T_\mathrm{K}} + \tan(\pi \sigma S_z^d) \right\} \right]^2 + \left[\frac{\Delta}{2} \left\{ \left(\frac{\epsilon}{k_\mathrm{B} T_\mathrm{K}} \right)^2 + \left(\frac{\pi T}{k_\mathrm{B} T_\mathrm{K}} \right)^2 \right\} + \Delta \right]^2}
\end{aligned} \tag{4.14}$$

$$\rho_d^\sigma(\vec{R};\epsilon) = -\frac{1}{\pi}\phi_d(\vec{R})\,\mathrm{Im}G_{dd\sigma}(\epsilon)\,\phi_d^\dagger(\vec{R})$$

$$= \frac{\left|\phi_d(\vec{R})\right|^2}{\pi}$$

$$\times \frac{\frac{\Delta}{2}\left\{\left(\frac{\epsilon}{k_B T_K}\right)^2 + \left(\frac{\pi T}{k_B T_K}\right)^2\right\} + \Delta}{\left[\epsilon + \Delta\left\{\frac{\epsilon}{k_B T_K} + \tan(\pi\sigma S_z^d)\right\}\right]^2 + \left[\frac{\Delta}{2}\left\{\left(\frac{\epsilon}{k_B T_K}\right)^2 + \left(\frac{\pi T}{k_B T_K}\right)^2\right\} + \Delta\right]^2} \tag{4.15}$$

$$\rho_{\mathrm{mix}}^\sigma(\vec{R};\epsilon) = -\frac{1}{\pi}\sum_k\left[\phi_k(\vec{R})\,\mathrm{Im}G_{kd\sigma}(\epsilon)\,\phi_d^\dagger(\vec{R}) + \phi_d(\vec{R})\,\mathrm{Im}G_{dk\sigma}(\epsilon)\,\phi_k^\dagger(\vec{R})\right]$$

$$= \frac{2\Delta}{\pi t\sqrt{\Omega}}J_0(k_F r)\,\mathrm{e}^{-z/\lambda}\phi_d(\vec{R})$$

$$\times \frac{\epsilon + \Delta\left\{\frac{\epsilon}{k_B T_K} + \tan(\pi\sigma S_z^d)\right\}}{\left[\epsilon + \Delta\left\{\frac{\epsilon}{k_B T_K} + \tan(\pi\sigma S_z^d)\right\}\right]^2 + \left[\frac{\Delta}{2}\left\{\left(\frac{\epsilon}{k_B T_K}\right)^2 + \left(\frac{\pi T}{k_B T_K}\right)^2\right\} + \Delta\right]^2} \tag{4.16}$$

で与えられる[98]．ここで，$\phi_d(\vec{R})$ は局在電子軌道の波動関数，

$$\phi_k(\vec{R}) = \frac{1}{\sqrt{\Omega}}\mathrm{e}^{\mathrm{i}kr\cos\theta - |z|/\lambda} \tag{4.17}$$

は 2 次元伝導電子軌道の波動関数，

$$G_{ji\sigma}(\epsilon) = \left\langle j\sigma\left|\frac{1}{\epsilon - H + \mathrm{i}0^+}\right|i\sigma\right\rangle \tag{4.18}$$

はグリーン関数の電子軌道 $|i\sigma\rangle$ 及び $|j\sigma\rangle$ に対する要素であり，T は表面及び探針の温度である．但し，t 及び $\phi_d(\vec{R})$ は実数であると仮定している．T_K 及び S_z^d はそれぞれ近藤温度及び局在スピンモーメントの z 成分である．J_0 は 0 次の第 1 種ベッセル関数，k_F はフェルミ波数であり，2 次元伝導電子のフリーデル振動を表す．$\epsilon_d + \frac{1}{2}U = 0$ の場合，z 方向に印加された磁場 B_z によるゼーマンエネルギー $E_{\mathrm{Zeeman}} = -g\mu B_z$ が Δ より大きく U より小さいときは，上向きスピン成分と下向きスピン成分のエネルギー位置がそれぞれ上下にゼーマン分裂し，$\Delta\tan(\pi\sigma S_z^d) \simeq \sigma E_{\mathrm{Zeeman}}$ の関係を満たすように S_z^d が決まる．但し，

g 及び μ は，それぞれ，g 因子 ($\simeq 2$) 及び磁気双極子モーメント（ボーア磁子）である．図 4.9 の (b-1)，(b-2) 及び (b-3) は，それぞれ，式 (4.14)，(4.15) 及び (4.16) に基づいて得られる状態密度の各成分 $\rho_k = \rho_k^\uparrow + \rho_k^\downarrow$，$\rho_d = \rho_d^\uparrow + \rho_d^\downarrow$ 及び $\rho_{\text{mix}} = \rho_{\text{mix}}^\uparrow + \rho_{\text{mix}}^\downarrow$ を示す．但し，探針位置は磁性吸着原子の直上 15 Å であり，パラメータは Mn/Al$_2$O$_3$/NiAl(110) における実験[99]に対応するもの ($T_\text{K} = 6$ K) を与えている．ここで，Al$_2$O$_3$ 層は T_K を低下させるために導入した 1 Å の絶縁層である．非干渉項である ρ_k 及び ρ_d はフェルミ準位に対して対称なスペクトル構造を示すが，干渉項 ρ_{mix} はファノ干渉に特有の非対称な構造を示す．探針位置が磁性吸着原子の近傍に位置するときは，非対称な ρ_{mix} と対称的な ρ_d が競合し，その寄与比は $\rho_{\text{mix}}/\rho_d \propto \Delta/|t| \propto |t|$ でスケールされる．すなわち，ファノ干渉は局在電子軌道と伝導電子軌道の混成が強い（$|t|$ が大きい）場合に現れ，弱い場合に消失する．実験的には，金属表面と磁性吸着原子の間に絶縁膜を挿入する方法などによって t，すなわち T_K，S_z^d 及び Δ を制御することでファノ干渉を抑制し，図 4.9(b-2) に示す振る舞いを直接観察することができる[99]．ρ_k の示す凹み構造は，探針から表面への電子トンネリングが，局在電子軌道との共鳴による位相乱雑化によって阻害される様相を表している．T_K を上回る磁場を印加すると，局在スピンのゼーマン分裂によって，干渉項と非干渉項はそれぞれのもとの対称性を保ちながらスペクトル構造の分裂を示す．絶縁膜の挿入によって $|t|$ を小さくすると T_K も低くなるため，より弱い磁場でスペクトル構造の分裂を観測することが可能になる．

4.3.3　磁性ダイマー吸着金属表面における近藤効果と RKKY 相互作用

バルク金属中の磁性不純物濃度が高くなると，磁性原子間に相互作用が働き周期的に配置することにより合金結晶へと変化する．不完全 4f 殻を持つ CeCu$_6$ などの希土類系合金結晶では，局在スピンが格子上に配置して伝導電子と相互作用する「近藤格子系」が構成されている．近藤格子系は，希薄磁性合金と異なり，電気抵抗が近藤温度で極大をとり，近藤温度以下では温度の 2 乗に比例する特性を示す．近藤温度以下における近藤格子系の特性は，周期性を持った局在電子軌道が伝導電子軌道と一体となって非局在化し（すなわち遍歴電子になり），陽子に匹敵する有効電子質量を持つ「重い電子系」としてのフェルミ流体を形成することに由来する．

4.3 磁性原子吸着金属表面における近藤効果と RKKY 相互作用の実空間描像

重い電子系を形成した近藤系では，伝導電子の媒介によって局在スピン間に働く RKKY（ルーダーマン (Ruderman)・キッテル (Kittel)・糟谷・芳田）相互作用が局在スピンの磁気的秩序を構成している．RKKY 相互作用が近藤温度のエネルギースケールに比べて大きい場合，相互作用の符号により 2 種類の現象が起こる．RKKY 相互作用のエネルギーが正値をとる（すなわち反強磁性的な）場合は，局在スピン間で一重項を形成し，近藤効果が消失する．また，逆に負値をとる（すなわち強磁性的な）場合は，まずスピン三重項状態が形成され，それを構成するうちの半分のスピンが伝導電子に遮蔽された後，さらに低温で残りのスピンが遮蔽されるという，二段階での近藤効果が起こる．二段階近藤効果では有効な近藤温度が通常の近藤効果よりも低下するため，この現象を実験観測するためにはより低温まで冷却する必要がある．理論的取扱いにおいては，単一不純物系で有効であった厳密解による方法が適用できず，また摂動展開による方法では RKKY 相互作用と局在軌道内クーロン相互作用 U の競合を適切に取り扱うことが難しい．そのため，数値繰り込み群を用いる方法[91, 108, 109]や量子モンテカルロ法[110]などに基づく数値解析が理論研究の主な手法である．本項では，数値繰り込み群を用いた金属表面上の磁性ダイマー（二量体）に関する研究[111-114]について解説する．また，本書では省略するが，量子モンテカルロ法により，磁性ダイマーの温度特性[115]や，反強磁性的相互作用する磁性トライマー（三量体）におけるフラストレーション（基底状態の縮退）との相互影響[116, 117]に関する研究も行われている．

金属表面上に互いに接近した複数の磁性原子を吸着させると，RKKY 相互作用と近藤効果の競合を実空間で観察することができる．図 4.10 は金属表面に吸着した磁性原子ダイマーの STM 観察における空間配置と STM 像を示す．吸着磁性原子間距離 a が大きい場合は両者の電子軌道が分離して観測されるが，近づくと軌道混成により一つの構造として観測される．軌道混成する距離 a においては，探針から異なる磁性原子に遷移するトンネル過程が干渉し合う．

2 次元近藤系における RKKY 相互作用 J_{RKKY} は，sd 模型の理論に基づき，

$$J_{\mathrm{RKKY}} = \frac{32|t|^4}{U^2} \sum_{k<k_{\mathrm{F}}} \sum_{k'>k_{\mathrm{F}}} \frac{e^{i(k-k')a}}{\epsilon_k - \epsilon_{k'}}$$

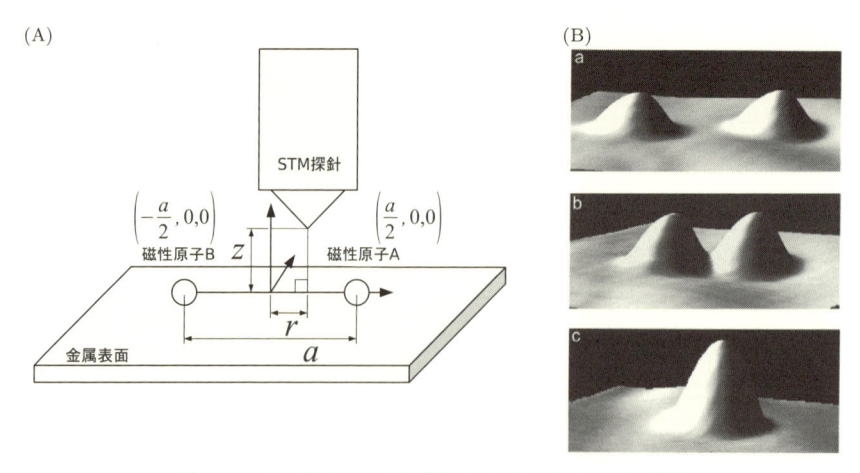

図 4.10 Co ダイマーの吸着した Au(111) の STM 観察
(A) 表面 (Au(111)),磁性原子 (Co) 及び STM 探針の空間配置. (B) Co ダイマー吸着 Au(111) におけるバイアス電圧 0.1 V 及び電流 5×10^{-9} A の定電流モードによる STM 像（文献[118]より転載 (Copyright 1999 by The American Physical Society)).
(B) の a, b 及び c はそれぞれ Co-Co 間距離 a が 15 Å, 9 Å 及び 4 Å の場合に対応する.

$$= \frac{4m_s L^4 k_F^2}{\pi^4 \hbar^2 \bar{\rho}(E_F)^2} \left(\frac{\Delta}{U}\right)^2 [j_0(k_F a)N_0(k_F a) + j_1(k_F a)N_1(k_F a)] \tag{4.19}$$

と表される[111,119]. 但し, L は伝導電子波動関数の規格化領域を与える格子定数, m_s は伝導電子の有効質量, k_F は伝導電子のフェルミ波数である. $\Delta = \pi|t|^2 \bar{\rho}(E_F)$ は単一局在電子軌道と伝導電子軌道の間の共鳴幅を表す. j_n 及び N_n はそれぞれ n 次のベッセル関数及びノイマン関数であり, 伝導電子軌道の 2 次元的対称性に由来するフリーデル振動を反映している. 図 4.11(a) は J_{RKKY} を a の関数として示す. 磁性原子が接近している場合は負値をとり強磁性的であるが, $a = 4.5$ Å ～ 9 Å の領域では正値に反転し反強磁性的になり, さらに離れると再び負値に反転して強磁性的になる. J_{RKKY} の振幅は a の増加に対して減少していき, 十分に大きな a では無視できる規模になり単一不純物系と等価になる. 図 4.11(b) は Δ/U の関数として表した RKKY 相互作用 J_{RKKY} 及び近藤温度 T_K の振る舞いと, それに関連付けた模式的な相図を示す. ここで, T_K は Δ に対して

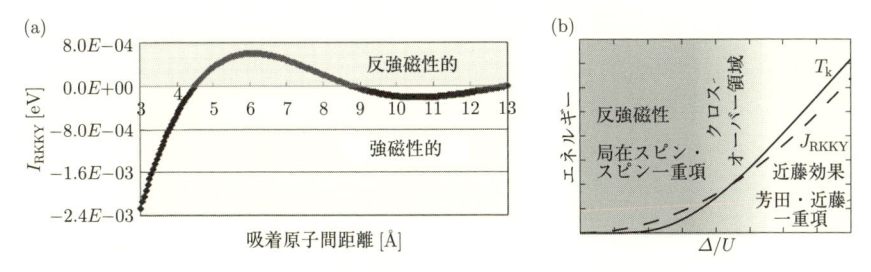

4.3 磁性原子吸着金属表面における近藤効果とRKKY相互作用の実空間描像

図4.11 2次元近藤系におけるRKKY相互作用
(a) 吸着原子間距離の関数として表したRKKY相互作用 J_{RKKY}（文献[111]より転載）.
(b) 2不純物近藤効果における模式的な相図. 縦軸はエネルギー, 横軸は単一局在電子軌道と伝導電子軌道の間の共鳴幅 Δ と同一局在電子軌道上での電子間クーロン相互作用 U の比を表す. 実線は近藤温度 T_K, 破線はRKKY相互作用 J_{RKKY} を表す.

$$T_K = U\sqrt{\frac{8\Delta}{\pi U}} \exp\left[-\left(\frac{8\Delta}{\pi U}\right)^{-1}\right] \quad (4.20)$$

の関係を持つ[120]. T_K は Δ/U の小さい領域で J_{RKKY} よりも急速に減少する. $T_K < |J_{RKKY}|$ の場合はRKKY相互作用が優勢であり, 反強磁性的 $J_{RKKY} > 0$ ならば局在スピン間の一重項を形成するため近藤効果は発現せず, 強磁性的 $J_{RKKY} < 0$ ならば二段階近藤効果が発現する. Δ/U が大きい領域で $T_K > |J_{RKKY}|$ となると, 芳田・近藤一重項を形成して通常の近藤効果が発現する. この二つの相の間の転移（量子相転移）はクロスオーバー領域を経由して漸次的に起こる.

吸着磁性原子の間隔 a に対する微分コンダクタンス dI/dV の依存性を図4.12

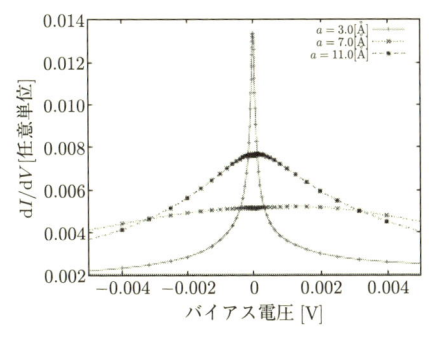

図4.12 金属表面上の磁性ダイマー近傍にSTM探針を配置した場合の微分コンダクタンス dI/dV（文献[111]より転載）.
a はダイマーを構成する磁性原子間の間隔を示す.

に示す．$a = 3$ Å での RKKY 相互作用は図 4.11(a) に示すように強磁性的であるため，この場合に現れるフェルミ準位近傍の鋭いピーク構造は芳田・近藤一重項に起因する．但し，このピーク幅は二段階近藤効果に起因して通常の芳田・近藤ピークよりも狭くなる（すなわち有効な近藤温度が低下する）．$a = 7$ Å に広がると，RKKY 相互作用が反磁性的になり，ピーク構造が消失する．さらに $a = 11$ Å に広がると，再び RKKY 相互作用が強磁性的になると共に弱くなり，フェルミ準位近傍に通常の芳田・近藤一重項に起因したピーク構造が成長する．

RKKY 相互作用が強磁性的に働く場合，単一磁性不純物系の場合と同様に，（二段階近藤効果により低下した）近藤温度以上の磁場を印加すると局在スピンのゼーマン分裂に起因した芳田・近藤ピークの分裂が微分コンダクタンスに現れる．図 4.13 はスピン成分で分解した微分コンダクタンスの表面法線方向磁場 B_z 依存性を示している．無磁場 $B_z = 0$ の場合は，各スピン成分の間に差異が存在しないが，磁場を印加するとゼーマン効果によりフェルミエネルギーの上に偏った状態と下に偏った状態に局在スピン準位が分裂する．磁場が強くなるとゼーマン効果が増大するため，局在スピン準位の分裂が増大し，それぞれの幅も広がる．

金属表面上と磁性吸着原子の間に絶縁体皮膜を挟み，局在電子軌道と伝導電子軌

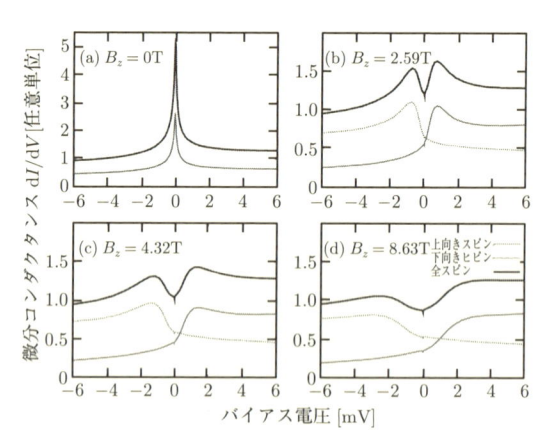

図 4.13　RKKY 相互作用が強磁性的に働く金属表面上の磁性ダイマーにおける微分コンダクタンス dI/dV の表面法線方向磁場 B_z 依存性[114]

濃い実線が全微分コンダクタンス，薄い実線が上向きスピン成分，破線が下向きスピン成分を表す．(a), (b), (c) 及び (d) はそれぞれ $B_z = 0$ T，2.59 T，4.32 T 及び 8.63 T の場合を示す．

道の混成を小さくすると，近藤温度を低下させることができる．その条件下で吸着磁性原子の間隔を RKKY 相互作用が反強磁性的に働く距離で与えると，RKKY 相互作用によって消失した近藤効果が磁場によって復活する現象が見出される場合がある[112]．この場合の微分コンダクタンスの B_z 依存性を図 4.14 に示す．この系では無磁場 $B_z = 0$ において分裂したピーク構造がみられるが，これは局在スピン間の伝導電子を介した混成におけるパリティ分裂により，同符号（偶パリティ：高エネルギー側）と異符号（奇パリティ：低エネルギー側）の混成軌道が形成されることに由来する．ここで，パリティ分裂は両スピン成分に対して等しく起こる．このパリティ分裂は電子・正孔対称性の破れを引き起こすため，芳田・近藤一重項が完全に消失する臨界現象が回避され，その結果，近藤効果が優勢な相と反強磁性的 RKKY 相互作用が優勢な相の間の漸次的な転移をもたらす．磁場を印加すると，両パリティ成分がそれぞれゼーマン分裂するが，特定の条件においては（図 4.14 においては $B_z = 3.46 \sim 4.32$ T）ゼーマン分裂した両パリティの成分がフェルミ準位で重なる（図 4.15 参照）．またこのとき，局在スピン間の一重項形成エネルギーが磁場によって打ち消される．その結果，芳田・近藤一重項が形成され，それによる芳田・近藤ピークが微分コンダクタンスに現れる．さ

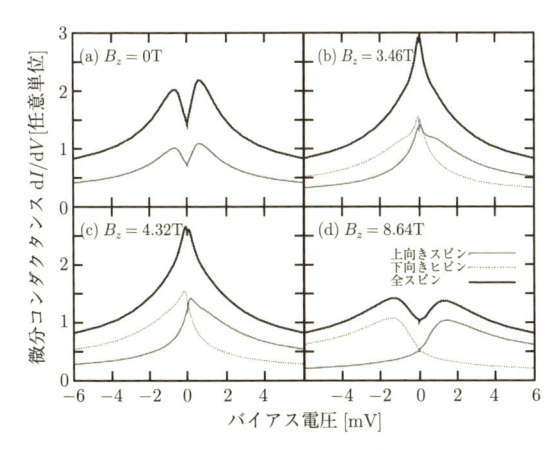

図 4.14 RKKY 相互作用が反強磁性的に働く金属表面上の磁性ダイマーにおける微分コンダクタンス dI/dV の表面法線方向磁場 B_z 依存性[114]．
濃い実線が全微分コンダクタンス，薄い実線が上向きスピン成分，破線が下向きスピン成分を表す．(a), (b), (c) 及び (d) はそれぞれ $B_z = 0$ T, 3.46 T, 4.32 T 及び 8.64 T の場合を示す．

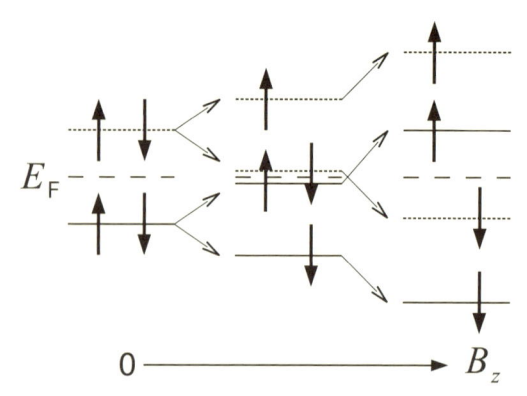

図 4.15 RKKY 相互作用によりパリティ分裂した準位のゼーマン分裂
細かい破線と実線はそれぞれ偶パリティと奇パリティの準位を示す.荒い破線はフェルミエネルギーを示す.左側は無磁場,中央は芳田・近藤一重項が形成される強度の磁場,右側はさらに強い磁場の場合を示す.

らに磁場を強くすると $(B_z = 8.64$ T),このピーク構造もゼーマン効果により分裂する.

5

計算機マテリアルデザイン

表面・界面の構造やそこで起こる反応を理解することは，例えば触媒・電池・電子デバイスなどのための材料設計において重要な要素の一つである．従来の開発現場では，実験とその結果に対するシミュレーション解析を繰り返すことにより試行錯誤で材料設計を行ってきた．しかし材料構造の微細化により実験技術の高度化が要求されるようになったことに加え，密度汎関数理論に基づくシミュレーション技術とそれを支える計算機技術の発展を背景として，理論主導の材料設計（知的材料設計）に対する期待が高まった．単純なシミュレーション解析は与えられた物質構造からその特性を導出する問題であるが，知的材料設計は要求される特性から物質構造を導出する逆問題に相当する．

計算機マテリアルデザイン (Computational Materials Design, CMD®[*1)]) は，理論のみで完結する知的材料設計手法である[9, 10, 121, 122]（図 5.1）．この手法では，

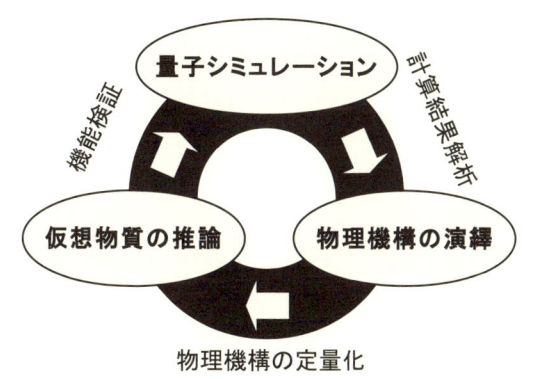

図 5.1 CMD エンジン

[*1)] 登録商標第 4942320 号

第一原理計算を援用した量子シミュレーション（第一原理シミュレーション），物理機構の演繹及び仮想物質の推論で構成される循環手順を繰り返すことにより，要求される特性を持つ物質構造を導出する．まず，事前に得られる知見に基づいて所望の物性を持つ候補となる物質を考案し，その構造に基づいてシミュレーションを行う．次に，シミュレーションの結果から，仮想物質が持つ物性を定量的に評価する（物理機構の演繹）．続いて，得られた定量的評価に基づいて仮想物質を推論し，再度シミュレーションを行い，物性を評価する．そして，得られる物性が所望の物性に近づいたかどうかを検証し，その結果を新たな知見として蓄積しつつ，より所望の物性に近づく仮想物質を推論する．上記の過程を所望の物性を持つ物質が得られるまで繰り返すことにより，物性から物質構造を導出する逆問題を解くことができる．

従来の実験主導の研究開発と比べ，CMDによる理論主導の研究開発は要する期間の短縮と費用削減に貢献できる点で優位性を持つ．CMDの具体的な技法の発展は，シミュレーション技法の開発・拡張と実践に伴う知見の蓄積の二つの側面によって実現される．CMDの実践においては，技術開発のロードマップに従った研究計画の中で実験を主導することがしばしば要求される．そのため，一つの現象を深追いすることよりも，高い時間効率で技術開発に必要な情報を提供することをCMDでは優先する．反応特性をより現実的に予測するためには，励起電子状態や時間変化を考慮した手法を採用することが理想的であり，そのための密度汎関数理論及び第一原理シミュレーション技術の拡張に関する研究も行われている．しかし，要求される計算機資源の規模などを考慮すると，電子基底状態に対する密度汎関数理論を基本とした手法が依然堅実であり，かつ多くの場合においてCMDとしては十分である．本章ではシミュレーション手法の概要と表面・界面の材料設計に対する応用例を解説する．

5.1 表面・界面の第一原理シミュレーション

本節では密度汎関数理論に基づく第一原理シミュレーション手法の概略を解説する．背景理論や発展的手法などの詳細に関しては，本著者による別の著書[9, 10]を参照されたい．

第一原理シミュレーションの理念は，入力として与えられる原子幾何構造（初

5.1 表面・界面の第一原理シミュレーション

期構造）のみから，原子核と電子との間の多体相互作用をつじつまの合うように考慮して，その初期構造から最も近い（準）安定幾何構造とそれに対する電子状態（固有値と固有関数）を数値的に導出（第一原理計算）し，それらに基づいて様々な物理量を導出・解析することである．通常，原子核は古典粒子として取り扱われ，取得できる電子状態は（多電子系としての）基底状態のみである（すなわち絶対零度に相当する）．系の全エネルギーを原子座標の関数として与えるとポテンシャルエネルギー（超）曲面が得られる．一般的な物質の反応は，ポテンシャルエネルギーの極小値として与えられる準安定幾何構造の間の構造変化に対応する．エネルギーの低い構造から高い構造への変化は吸熱過程（エネルギー吸収過程），高い構造から低い構造への変化は放熱過程（エネルギー放出過程）に対応する．構造変化の過程を表す反応経路上にエネルギーの高い構造があれば，それが活性化障壁となる．現実の物質は，接触・温度上昇・電圧印加・光照射などに対する反応を有限温度の環境下で電子励起を伴いながら起こすが，本節で解説する第一原理シミュレーションでは，電子基底状態に対する準安定幾何構造とそのエネルギーを第一原理に基づいて求めた後で，それらの準安定幾何構造間の遷移が任意の吸熱・放熱過程を伴って起こると仮定する手法で反応を近似する．

初期構造は経験的な推定に基づいて与えるが，計算の実行に必要なその他のパラメータは精度や計算機に対する負荷を調整するための制御因子のみである．そのため，第一原理的手法は物理学的な経験的パラメータを必要としないという観点から非経験的手法とも言い換えられる（但し局所密度近似や一般化密度勾配近似の欠点を補うために強相関相互作用や分子間力を経験的に導入する場合もある）．第一原理計算において取り扱う空間の境界条件は，周期的なものと非周期的なものに大別される．より少ない制御因子で高精度が期待できる平面波基底による手法では，周期的境界条件が課される．

周期的境界条件における原子幾何構造は，任意に定義できるセル（単位胞またはスーパーセル）の中にすべての原子を配置して与える．欠陥や不純物のないバルク結晶に対しては，基本単位格子を用いることができる．孤立分子の場合は，周期的境界条件で厳密に与えることはできないが，分子よりも十分に大きなセルを用いて近似的に計算を実行することはできる．表面・界面は面平行方向には周期的であるが垂直方向には非周期的であるため，垂直方向に広い真空層を挟むスラブ（板状構造）で近似した大きなスーパーセルを導入する．表面での分子反応

を計算する場合などには，被覆率に応じて面平行方向にもセルを拡張する必要がある．そのため，表面・界面の第一原理シミュレーションは一般にバルク結晶に比べて格段に大規模となる．

5.2 抵抗変化メモリ

5.2.1 背景と課題

抵抗変化メモリ (resistance random access memory, ReRAM[*2]) は不揮発性メモリ（電源を供給しなくても記憶を保持するメモリ）の一種であり，従来のシリコン半導体技術に基づくフラッシュメモリと比較して，より低消費電力・高速動作・長寿命・大容量を期待できる次世代型デバイスとして期待されている．抵抗変化メモリは，閾値を越える電圧パルスの印加によって電気抵抗が大きく変化する電界誘起巨大抵抗変化 (colossal electroresistance, CER) 効果を起こす抵抗素子の性質を利用する．抵抗素子の抵抗値は 0 V を含む閾値以下の絶対値を持つ電圧で保たれるため，高抵抗と低抵抗の状態に対して 0 と 1 を割り当てることで，抵抗素子にビット値を記憶させることができる．個々のメモリセルは，抵抗素子をセル選択のための素子・回路（電界効果トランジスタのソース・ドレイン回路またはダイオード）に直列接続することにより構成される．他の不揮発性メモリ（フラッシュメモリ，強誘電体メモリ (ferroelectric random access Memory, FeRAM[*3])，強磁性体メモリ (magnetoresistive random access memory, MRAM)，相変化メモリ (phase-change random access memory, PRAM)）と比べて構造が簡単なため，クロスポイント方式による高集積化が期待されている．閾値を越える電圧を抵抗素子に印加すると書き込みが行われ，閾値より低い電圧では読み出しが行われる．オン（低抵抗）とオフ（高抵抗）のスイッチングを逆極性の電圧印加によって行う抵抗変化メモリをバイポーラ型（図 5.2(a)），同一極性の電圧印加によって行うものをユニポーラ型（図 5.2(b)）と呼ぶ（極性を選ばない抵抗素子を用いるため，ノンポーラ型とも呼ばれる）[123]．

抵抗変化メモリの抵抗素子部分は，金属酸化物の両端を電極で挟んだ構成をとる．スイッチングの微視的機構に関しては解明が始まったばかりであるが，巨視

[*2] 「e」を略した「RRAM」はシャープ株式会社の登録商標である．
[*3] 「e」を略した「FRAM」は米 Ramtron 社の登録商標である．

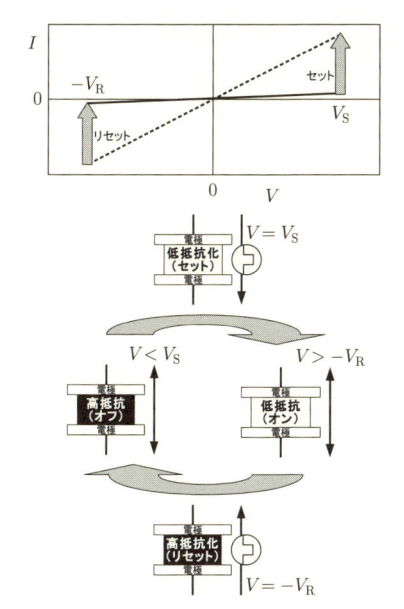

5.2 抵抗変化メモリ

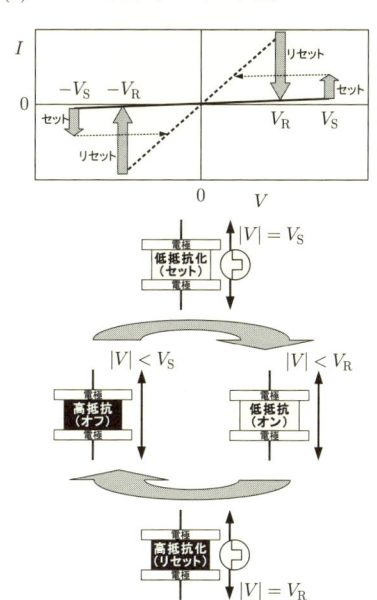

図 5.2 抵抗変化メモリの電流電圧特性及びスイッチング動作
(a) はバイポーラ型, (b) はユニポーラ型 (ノンポーラ型) の場合を示す. V_S 及び V_R はそれぞれ低抵抗化 (セット) 及び高抵抗化 (リセット) を起こす電圧閾値の絶対値を示す. 実線が高抵抗, 破線が低抵抗の状態における特性を表す.

的機構としては,抵抗値が界面面積に比例する場合は金属酸化物・電極界面全体における電荷量変化を伴う電子状態変化(界面型機構)に起因すると考えられ,界面面積によらずほぼ一定である場合は金属酸化物内に形成された伝導性フィラメントと電極との接続の開閉(フィラメント型機構)に起因すると考えられている[123]. バイポーラ型素子は主に界面型機構によると考えられているが,フィラメント型機構によっても実現し得る. ユニポーラ型(ノンポーラ型)素子は主にフィラメント型機構によって実現し得る. フィラメント型機構による抵抗素子の方がより素子を小型化できるため,メモリセルの高集積化に有利である.

本節では,フィラメント型に相当する抵抗変化メモリの微視的動作機構を解明した研究[122, 124]を解説する. この機構による抵抗変化は TiO_2 や CoO などの二元系酸化物による抵抗素子でよくみられる. 金属酸化物内の伝導性フィラメント

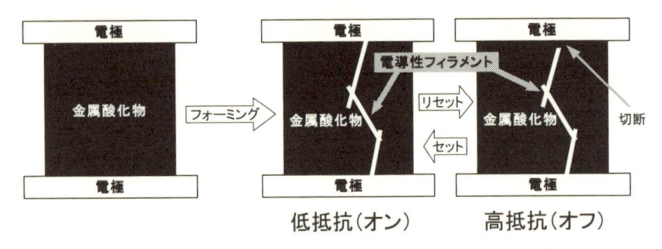

図 5.3 フィラメント型機構による抵抗変化の概念図
左はフォーミング前の状態．中央は電極間を金属酸化物中の電導性フィラメントが接続している低抵抗状態，右は金属酸化物と電極の界面で電導性フィラメントが切断した高抵抗状態を示す．

は，素子作製後に（抵抗値切り替えの閾値よりも高い）高電圧を印加するフォーミングと呼ばれる処理によって形成される（図5.3の左から中央）．フォーミングによって低抵抗状態となった抵抗素子では，電極間を接続する伝導性フィラメントが形成されている．いったん伝導性フィラメントが形成されると，両端の電極間に電圧印加したときの電圧降下が接触抵抗を持つ界面近傍や電子散乱の起こりやすい欠陥・不純物近傍などの特定箇所に集中し，以後，閾値を越える電圧が印加されるとその特定箇所において伝導性フィラメントの接続が切断・回復することにより抵抗状態の切り替えが起こると考えられる（図5.3の中央と右）．抵抗変化の微視的機構としては，電子間強相関相互作用に起因する局所的なモット転移や，酸素欠損の移動による局所的な化学組成変化（酸化還元）が考えられる．本節では電極界面における酸素欠損移動の効果に注目し，CoO（酸化コバルト(II)）を抵抗素子として，その (001) 面上にタンタル (Ta) 電極が接合する場合の物性評価を行う．さらに，その結果に基づいてスイッチングの微視的機構を明らかにし，動作電圧低減に関してより望ましい材料について議論する．

5.2.2 伝導性フィラメント

CMD の第一段階として，CoO において酸素欠損の近傍に伝導性フィラメントが形成される機構を確認する．この目的のため，酸素欠損を含むバルク CoO の模型に対して密度汎関数理論に基づく第一原理計算を実行し，得られる安定構造における電子状態を酸素欠損を含まない完全結晶と比較する．CoO は NaCl 型（格子定数 a に対して互いに $[\frac{a}{2}, \frac{a}{2}, \frac{a}{2}]$ だけ変位した2原子からなる面心立方格子）の

5.2 抵抗変化メモリ

結晶構造をとる．本計算では，慣用単位格子（4個のCo原子と4個のO原子で構成される立方格子）をx軸，y軸及びz軸方向に$(2\times2\times2)$周期で反復させた模型をスーパーセルとして採用する．このスーパーセルからO原子を1個取り除いた模型は，3.125%の欠損濃度を持つ状態に対応する．CoOのバンドギャップは局所密度近似や一般化密度勾配近似では再現できないことが知られており，この問題に対処するため，同一原子内での電子間クーロン相互作用Uを現象論的補正項として追加するDFT+U法を採用する．また，CoOは反強磁性的性質を持つことが知られており，それを再現するため，反強磁性的なスピン状態を初期条

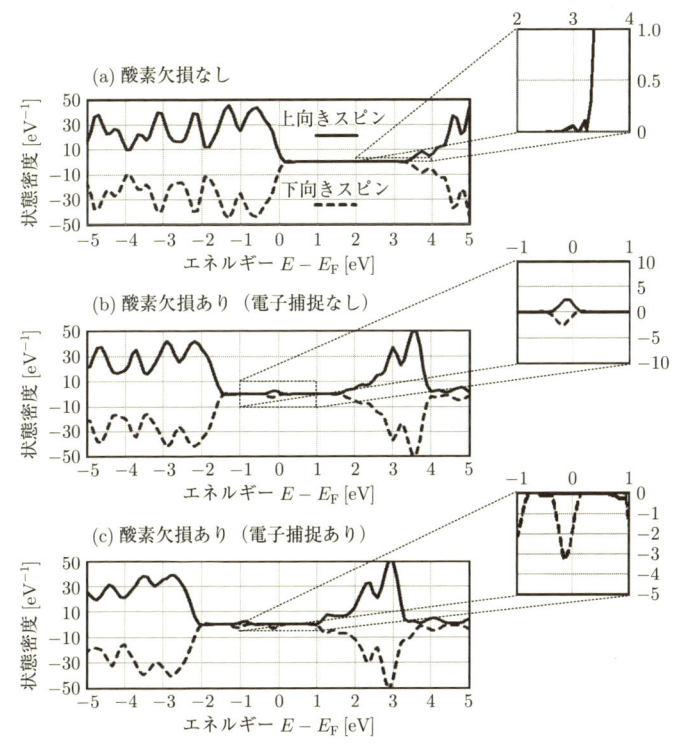

図 5.4 バルク CoO の全電子状態密度[122]
(a) は完全結晶の場合，(b) は電気的中性を保ちつつ単位胞当たり1個の酸素欠損を持つ場合，(c) は単位胞当たり1個の酸素欠損を持つと共に1個の電子を補足する場合に対応する．縦軸は状態密度を表し，正値が上向きスピン（実線），負値が下向きスピン（破線）に対応する．横軸はエネルギーを表し，原点E_Fは最高被占有準位に対応する．挿入図は一部のエネルギー領域に対して縦軸を拡大して示す．

件として与える.

完全結晶の場合と1個の酸素欠損を持つ場合に対するバルク CoO の全電子状態密度を図 5.4 に示す.完全結晶は約 3 eV のバンドギャップを持ち,スピン偏極がなく絶縁体的な電子特性を持つ.電気的中性を保ったまま単位胞当たり1個の酸素欠損を導入すると,ギャップ中の中央付近にスピン偏極した被占状態が現れ,金属的な特性に近づく.この被占状態は,Co と O の間の結合に寄与していた原子間の軌道混成が解消することによって生じる不対電子軌道に相当する.完全結晶では Co が正に,O が負に帯電して電気的中性を保っているが,O 原子を取り除くとその欠損サイト近傍の負電荷が失われて,その結合相手だった Co 原子は正に帯電する.この欠損サイトが1個の電子を捕捉すると,その電子はギャップ中のさらに高いエネルギーに状態を作ってそれを占有する(構造最適化を伴うため,単純なフェルミエネルギーの移動にはならない).この結果,(ギャップ中に形成される)最高被占有準位と(ギャップ下端の)最低空準位の間のエネルギー差が約 1 eV となり,完全結晶と比較してより電気伝導に有利な特性を持つこと

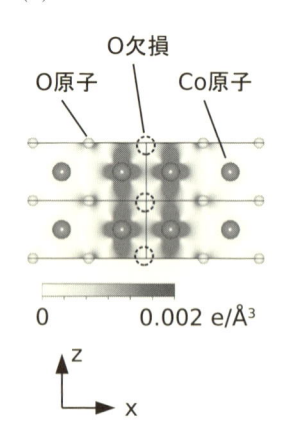

図 5.5 連結した酸素欠損を持つバルク CoO の電子状態[122]
(A) は電子捕捉が (a) ない場合と (b) ある場合のバンド構造.縦軸はエネルギーを表し,原点 E_F は最高被占有準位に対応する.横軸は z 軸方向(連結方向)の波数を表す.(B) は電子が捕捉された場合のフェルミエネルギー上の状態に対する電子密度分布の酸素欠損近傍における断面図.黒い玉,白い玉及び破線の丸はそれぞれ同一 xz 面に属する Co 原子,O 原子及び酸素欠損サイトを示す.

が推測される．

酸素欠損サイトが孤立している場合，ギャップ中に形成される状態の波動関数は欠損近傍に局在しているが，欠損サイトが連結すると伝導性フィラメントが形成される[122,124]．図 5.5(A) は，電子捕捉がない場合とある場合におけるバンド構造を，z 軸方向（欠損サイトの連結方向）に対するエネルギー分散に関して示す．電気的中性を保ったままでは，完全に占有されたバンドと非占有のバンドのみで構成されるため，伝導に寄与する電子状態が存在しない．しかし電子捕捉が起こると，フェルミエネルギーを貫くバンドが現れる．z 軸方向に連続した酸素欠損サイトに電子が捕捉された場合のフェルミエネルギー上の状態に対する電子密度分布を図 5.5(B) に示す．各酸素欠損サイト近傍に束縛された電子状態が発生し，それらが隣り合う欠損サイト間で連結している．そのため，連結した酸素欠損が電導性フィラメントとして機能することが分かる．

5.2.3 電極・抵抗素子界面における酸素欠損

知的材料設計の第二段階として，Ta/CoO(001) 界面における酸素欠損の形成・移動に関する特性を明らかにする．通常の抵抗変化メモリは，電極がサブミクロン以上の十分にバルク特性を示す領域の厚みを持ち，抵抗素子が 10 nm からサブミクロン程度の領域の厚みを持つように作製される．この規模の構造に対して直接第一原理計算を実行するためには莫大な計算コスト（計算機資源と計算時間）を要するため，計算コストを現実的な水準まで低減させるためには，注目する物性の評価のために最低限必要な規模まで削減した模型を導入しなければならない．そこで，酸素欠損移動は（酸素を含む物質である）CoO 内で起こり，Ta 電極には酸素の侵入がないと仮定し，界面構造を図 5.6 に示す 4 層の CoO と 1 層の Ta で構成されたスーパーセルによるスラブ模型で与える．まず，酸素欠損を持たない Ta/CoO(001) 界面の安定構造と電子状態を密度汎関数理論に基づく第一原理計算によって調べる．界面構造には界面平行方向に対する Ta 原子の配置において任意性があり，CoO(001) 上における代表的な配置は Co 直上（Co オントップ），O 直上（O オントップ）及び凹み（ホロー）における吸着サイトが候補となる（図 5.6(a)）．それぞれの配置に対する界面構造に対して第一原理計算を実行し，得られる全エネルギーを比較すると，O オントップの場合に最も低くなり，それに対して Co オントップでは 3.5 eV，ホローでは 3.1 eV 高くなることが分かる[122]．

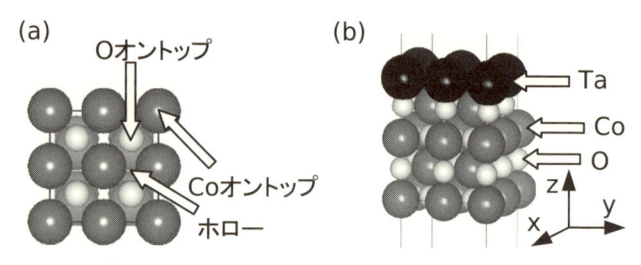

図 5.6 Ta 電極・CoO 結晶界面の模型[122, 124]
(a) は CoO 表面における代表的な吸着サイトを示す．(b) は 4 層の CoO と O オントップに配置した 1 層の Ta で構成されたスラブ模型のスーパーセル内における幾何構造を示す．

すなわち，O オントップへの配置が最安定であり他の配置とのエネルギー差が十分に大きいため，以後の計算では O オントップ配置による界面構造に焦点を絞る（図 5.6(b)）．

界面における各層に対して得られる局所電子状態密度を図 5.7 に示す．Ta 層が 1 層のみの模型でもその金属的性質が再現できていることが分かる．また，CoO は第 2 層以降の変化が小さく，4 層の CoO によって十分にバルクの特性が再現できていることが分かる．CoO の第 1 層は，Ta との間の共有結合的な軌道混成に

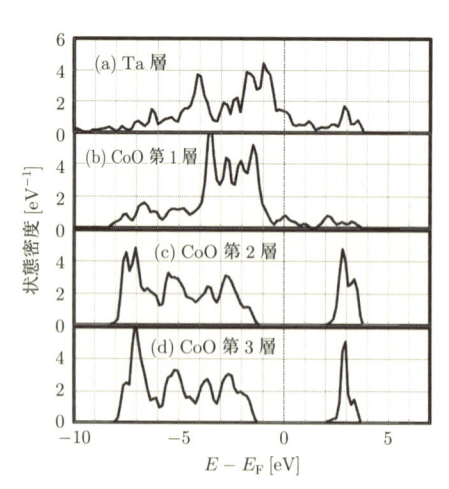

図 5.7 Ta/CoO(001) 界面における各層の局所電子状態密度[122, 124]
(a) は Ta 層，(b)，(c) 及び (d) はそれぞれ CoO の第 1 層，第 2 層及び第 3 層に対応する．

より，酸素欠損の形成される前から Ta の特徴を強く反映した金属的性質を示している．従って，CoO の第 2 層以降における電子状態変化が抵抗変化に寄与すると考えられる．

界面近傍における酸素欠損の効果を調べるため，CoO の第 1 層または第 2 層からスーパーセル当たり 1 個の O 原子を取り除いた模型に対して，安定構造における電子状態の解析を行う．但し，電気伝導性を調べるため，スーパーセル当たり 1 個の電子を捕捉した状態に対して計算を行う．CoO 第 2 層の局所電子状態密度を図 5.8 に示す．また，欠損がない場合と比較した，欠損近傍の金属原子サイトにおける電子数変化を表 5.1 に示す．酸素欠損が CoO 第 1 層に形成されている場合は，CoO 第 2 層の局所電子状態密度におけるバンドギャップ内への状態形成はほとんどみられず，絶縁体的性質を維持している（図 5.8(a)）．欠損近傍の金属原子サイトにおける電子数変化をみると，電子トラップは Ta 層と CoO 第 1 層の間に集中しており，CoO 第 2 層への影響は小さいことが分かる．一方，酸素欠損

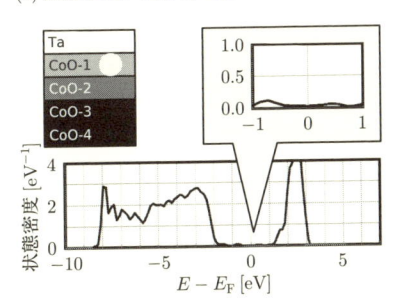

(a) 酸素欠損が CoO 第 1 層   (b) 酸素欠損が CoO 第 2 層

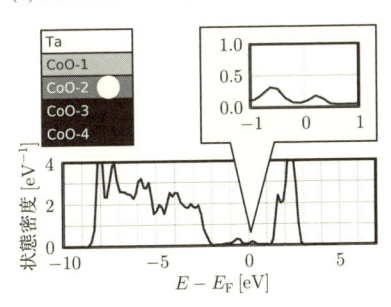

図 5.8 電子を捕捉した酸素欠損を含む Ta/CoO(001) 界面における CoO 第 2 層の局所電子状態密度[122, 124]．
(a) は酸素欠損が CoO 第 1 層に，(b) は CoO 第 2 層に形成される場合を示す．

表 5.1 電子を捕捉した酸素欠損を含む Ta/CoO(001) 界面における欠損近傍の金属原子サイトにおける電子数変化[122]

サイト	電子数変化	
	CoO 第 1 層に酸素欠損	CoO 第 2 層に酸素欠損
電極層の Ta 原子	+0.35	+0.18
CoO 第 1 層の Co 原子	+0.11	+0.53
CoO 第 2 層の Co 原子	−0.04	+0.20

がCoO第2層に形成されている場合は,バンドギャップ内への状態形成がみられ,フェルミエネルギーで有限値をとる金属的性質を示している(図5.8(b)).欠損近傍の金属原子サイトにおける電子数変化をみると,伝導経路の形成を反映して,電子トラップがTa層からCoO第2層まで広がることが分かる.

以上の結果に基づいて,CoO第1層と第2層の間で酸素原子が移動することにより抵抗変化の微視的機構を説明できる.図5.9は電導性フィラメントと電極の接点において酸素移動が伝導経路を切断・回復する機構と,その場合における反応経路上での全エネルギーの変化を示す.低抵抗状態(図5.9の右端)ではCoO第2層まで酸素欠損が連結しており,第1層が金属的であるため,伝導経路が電極に接続している.そこでCoO第1層の酸素原子が第2層に移動すると,第2層が絶縁体的になって伝導経路が切断され,高抵抗状態(図5.9の左端)に遷移する.酸素原子は,CoO第1層と第2層の間を移動するとき,不安定な遷移状態(図5.9の中央)を経由する.この遷移状態のエネルギーが,低抵抗状態と高抵抗状態の間のスイッチングにおける活性化障壁を与える.活性化障壁はポテンシャルエネルギー曲面やNEB (nudged elastic band) 法[125, 126]に基づく解析によって導出できる.一般に,固体結晶界面近傍の原子間結合力は,界面垂直方向に対する周期性の破れや平行方向に対する格子定数の不整合性に起因して,バルク中よりも弱くなる傾向を示す.そのため,酸素欠損がCoO第1層に形成され

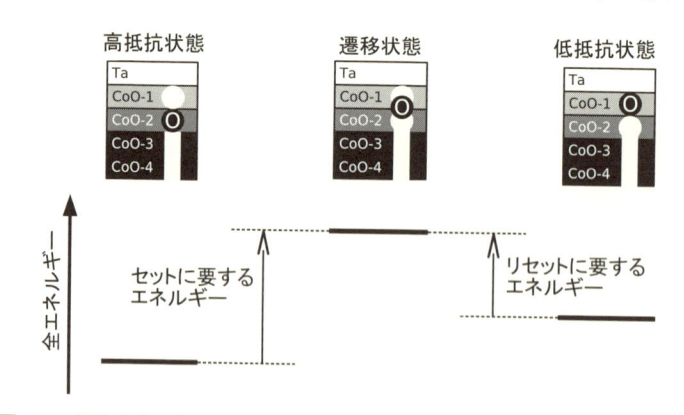

図5.9 抵抗変化の微視的機構と酸素移動に対する反応経路上のエネルギー図
白丸はCoOにおける酸素サイト,黒丸は酸素原子を表す.CoO第3層以降の白い領域は電導性フィラメントの端部を表す.

ている状態は，第2層に形成されている状態と比較して低いエネルギーを持つことが多い[124]．従って，高抵抗状態から低抵抗状態へのスイッチング（セット）に必要な活性化エネルギーは低抵抗状態から高抵抗状態へのスイッチング（リセット）と比較して高くなる．Ta/CoO(001) の場合はセット及びリセットにおける活性化エネルギーがそれぞれ 2.9 eV 及び 2.5 eV となる[122]．スイッチングのためのエネルギーが電圧印加によって直接与えられると仮定すると，その電圧閾値は活性化エネルギーを反映するため，図 5.2 に示した電流電圧特性を説明することができる．

以上の結果より，抵抗変化メモリの動作電圧低減は，界面第1層と第2層の酸素サイトの間の反応経路に対する活性化障壁が低くなる金属酸化物材料を見出すことによって実現することが分かる．CoO と並んで新たな抵抗素子材料の候補として注目を集めている HfO_2 を採用した界面構造を新たに仮想して同様の第一原理計算に基づく解析を行うと，セット及びリセットにおける活性化エネルギーがそれぞれ 1.3 eV 及び 0.2 eV となることが分かる[122]．このことは，HfO_2 の動作電圧低減に関する優位性を本質的に明らかにし，材料設計に対する重要な指針の一つを提供している．

5.3 反応性イオンエッチング

5.3.1 背景と課題

表面での触媒反応や腐食反応などの化学反応の機構は，表面近傍と遠方との間の粒子の運搬機構に関しては差異があるが，表面近傍においては非弾性散乱と同様な素過程の組み合わせとして理解できる．表面化学反応に関する CMD は，経験的に有望とされている物質の組み合わせに関して反応経路を推定し，それに対応する活性化エネルギーを求めることから始まる．本節では，一例として，金属酸化物表面の反応性イオンエッチングについて取り扱う．

反応性イオンエッチングはドライエッチングの一種であり，チャンバー内でプラズマ化したエッチングガスを電圧印加によって被エッチング材料表面に衝突させる．被エッチング材料表面ではスパッタリング（入射粒子と表面原子の間の直接的な運動エネルギー移動，物理的エッチング）と化学反応が同時に起こり，表面原子が剥ぎ取られて反応副生成物として脱離する．微細加工のためには，スパッ

タリングよりも化学反応（化学的エッチング）が主要であることが望まれる．反応副生成物が被エッチング材料表面から去りチャンバーから排気されることによってエッチングが進行するため，反応副生成物は揮発性でなくてはならず，かつ高い蒸気圧を持つことが望まれる．エッチングガスの種類によっては，例えば塩素を用いた場合，エッチング後のチャンバーからの取り出し時に大気と反応して塩酸が生成され被エッチング材料を不均一に腐食する「アフターコロージョン」の問題が発生する．反応性イオンエッチングの手法は，エッチングガスとしてハロゲンを用いるハロゲン系プロセスと，一酸化炭素，アンモニア，メタンガス，メタノールガスなどの炭素と酸素を含むガス種を用いる非ハロゲン系プロセスに大別される．ハロゲン系プロセスは，半導体極微細加工プロセスでの豊富な実績があり，プラズマの高温化・高密度化・パルス変調により高速エッチングが可能であるが，エッチング副生成物の蒸気圧が低く，残留ハロゲンによるアフターコロージョンの問題を伴う．非ハロゲン系プロセスは高速エッチングが可能であるのに加え，エッチング副生成物（遷移金属カルボニル化合物）の蒸気圧が高く，アフターコロージョンの心配がないが，スパッタリングの抑制が課題として残る（すなわち，エッチングが高速とはいわれているが，物理的エッチングの要素が大きいとも考えられている）．

5.3.2 反応モデル

ここで，CMD の第一段階における目標を，対象となる被エッチング材料表面に対して，副生成物に遷移金属カルボニル化合物を含み，かつ化学的エッチングが高速に進むエッチングガス種を見出すことに設定する．図 5.10 は，例として，CO ガスによる酸化ニッケル (II) 表面 (NiO) の反応性イオンエッチングの過程を模式的に表している．この過程では，4 個の CO 分子が表面に飛来して 1 個の Ni 原子に結合し，遷移金属カルボニル化合物である $Ni(CO)_4$ が生成されて表面を去ることによりエッチングが進行する．始状態では CO 分子同士及び CO 分子と表面の間の距離が十分に離れている．CO 分子が表面に接近すると，1 個の Ni 原子に接近し，同時にその Ni 原子は表面から引っ張り上げられる．この段階は不安定な遷移状態に対応し，活性化障壁を持つ可能性がある．時間が経過すると，表面近傍の原子は準安定構造に向かって再配置する．この段階は $Ni(CO)_4$ が一時的に吸着した状態に対応する．さらに時間が経過すると，$Ni(CO)_4$ が表面から離

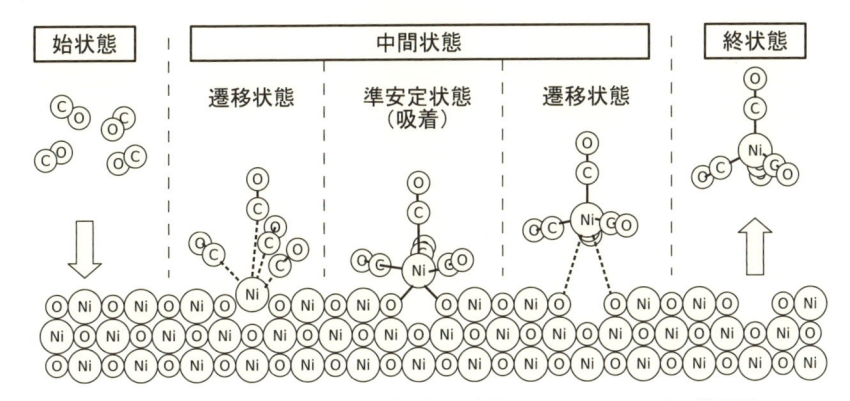

図 5.10 CO ガスによる NiO 表面の反応性イオンエッチングの模式図
金属元素を M として，化学式 $\mathrm{NiO}(100) + 4\mathrm{CO} \to [\mathrm{NiO}(100) - \mathrm{Ni}^{\langle \mathrm{vac} \rangle}] + \mathrm{Ni}(\mathrm{CO})_4$
で表される反応を例示している．

れ始める．この段階もまた不安定な遷移状態に対応し，活性化障壁を持つ可能性がある．さらに時間が経過すると，終状態として $\mathrm{Ni}(\mathrm{CO})_4$ と表面の間の距離が十分に離れた安定構造に至る．

簡単のため，表面での反応は電子運動に比べて十分に遅く進行し，反応の前後を通じて電子系が基底状態に保たれると仮定する．始状態では，個々の CO 分子と NiO 表面が互いに孤立していると仮定する．中間状態では，CO 分子が 1 個の Ni 原子に接近して吸着した準安定構造をとると仮定する．終状態では，$\mathrm{Ni}(\mathrm{CO})_4$ と NiO 表面が互いに孤立していると仮定する．この反応経路は化学式[*4)]により

$$\begin{aligned}
&\mathrm{NiO}(100) + 4\mathrm{CO} &&\text{（始状態）}\\
&\to [\mathrm{NiO}(100) + 4\mathrm{CO}]^{\langle \mathrm{ads} \rangle} &&\text{（中間状態）} \quad (5.1)\\
&\to [\mathrm{NiO}(100) - \mathrm{Ni}^{\langle \mathrm{vac} \rangle}] + \mathrm{Ni}(\mathrm{CO})_4 &&\text{（終状態）}
\end{aligned}$$

と表される．ここで，$\mathrm{NiO}(100)$ は欠損のない $\mathrm{NiO}(100)$ 表面（化学組成は十分大きな n に対する $[\mathrm{NiO}]_n$ に相当），$\langle \mathrm{vac} \rangle$ は欠損した原子，$\langle \mathrm{ads} \rangle$ は吸着状態を表す．

エッチング速度は，エネルギー利得が大きく活性化エネルギーが小さいときに高くなる．中間状態とその前後の遷移状態のエネルギー差が始状態や終状態とのエネルギー差よりも小さいと仮定すると，エネルギー利得と活性化エネルギーを始状態と中間状態と終状態のエネルギー差からおよそ見積もることができる．そ

[*4)] 表面構造を正確に表せる一般的な方法がないため，文献によって多様な書式が採用されている．

表 5.2 各種エッチングガスを用いた場合の NiO(100) エッチングにおける反応副生成物

ガス種	反応副生成物
$4CO$	$Ni(CO)_4$
$4CO + 4NH_3 + 7O_2$	$Ni(CO)_4 + 4NO_2 + 6H_2O$
$4CO + N_2 + 2O_2$	$Ni(CO)_4 + 2NO_2$
$4CHF_3 + 4NH_3 + 9O_2$	$Ni(CO)_4 + 4HF + 4F_2 + 4NO_2 + 6H_2O$
$2CHF_3 + 2CH_4 + 4NH_3 + 10O_2$	$Ni(CO)_4 + 6HF + 4NO_2 + 8H_2O$
$4CH_4 + 4NH_3 + 13O_2$	$Ni(CO)_4 + 4NO_2 + 14H_2O$
$4CHF_3 + N_2 + 5O_2$	$Ni(CO)_4 + 6F_2 + 2NO_2 + 2H_2O$
$CHF_3 + 3CH_4 + N_2 + 7O_2$	$Ni(CO)_4 + HF + F_2 + 2NO_2 + 6H_2O$
$4CH_4 + N_2 + 8O_2$	$Ni(CO)_4 + 2NO_2 + 8H_2O$
$4CHF_3 + 2O_2$	$Ni(CO)_4 + 4HF + 4F_2$
$2CHF_3 + 2CH_4 + 3O_2$	$Ni(CO)_4 + 6HF + 2H_2O$
$4CH_4 + 6O_2$	$Ni(CO)_4 + 8H_2O$

こで，系の全エネルギーはスーパーセルによる周期境界条件で第一原理計算により求める．スーパーセルの形状は，表面平行方向に NiO(100) の (2×2) 周期が納まり，垂直方向に 12 Å の真空層が挟まれるように与える．エッチングガスとして CO ガスのみ，及び CO，CHF_3，CH_4，NH_3，N_2，O_2 の各種混合ガスを与え，それらのガス種の間で活性化エネルギーやエネルギー利得を比較する．ここで，反応副生成物の組成が化学量論的に可能な（価数の過不足がない）エッチングガスの組み合わせのみを選択する．また，反応副生成物が不揮発性であることが分かっていれば，その組み合わせは除外する．その結果，解析対象のガス種及び対応する反応副生成物を表 5.2 に示す．

5.3.3　反応シミュレーション

始状態のエネルギー E_i は，スーパーセル中に孤立した 1 個のガス分子と単層 NiO(100) スラブに対してそれぞれ個別に第一原理計算を実行し，得られる緩和構造に対する全エネルギーの和で与える．例えば，式 (5.1) に示す反応の場合は，ガス分子と NiO(100) スラブの全エネルギーをそれぞれ $E[CO]$ 及び $E[NiO(100)]$ としたときに，$E_i = E[NiO(100)] + 4E[CO]$ で与える．中間状態のエネルギー E_t は，ガス分子を単層 NiO(100) スラブの近傍に配置した初期構造から第一原理計算を実行し，得られる緩和構造に対する全エネルギーで与える．終状態のエネルギー E_f は，スーパーセル中に孤立した 1 個の反応副生成分子と Ni 欠損を持っ

た単層 NiO(100) スラブに対してそれぞれ個別に第一原理計算を実行し，得られる緩和構造に対する全エネルギーの和で与える．式 (5.1) に対応させれば，角括弧で囲った部分を一つの項とし，各項に対応する構造に関して第一原理計算を実行することになる．

有効なエッチングガスの組み合わせに対する，始状態と中間状態と終状態の 3 点で与えた反応経路上での全エネルギーを図 5.11 に示す．$CHF_3/N_2/O_2$ 及び CHF_3/O_2 の場合は，終状態が始状態よりも不安定である ($E_i < E_f$) ためにエッチングを起こさないことが分かる．水素原子をより多く含むエッチングガスに対してエネルギー利得がより大きくなる傾向がみられる．また，ハロゲン (F) 原子を含む場合はエネルギー利得が小さくなる傾向がみられる（半導体プロセスの場合において知られている傾向とは異なる）．CO を含まない混合ガスの場合は，エネルギー利得の大きいものほど活性化エネルギーが小さい．

以上の結果から，水素原子をより多く含む非ハロゲン系のガス種が望ましいと

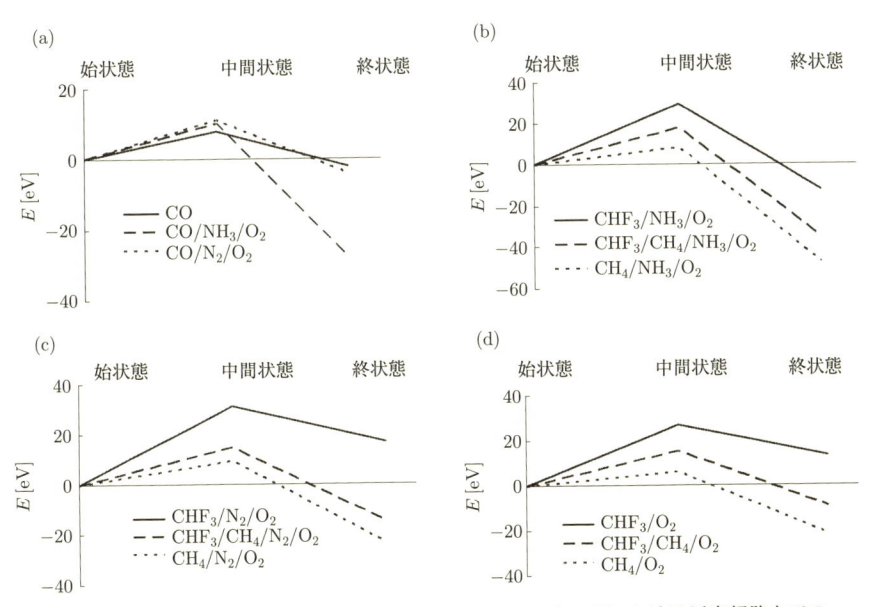

図 5.11 各種エッチングガスを用いた NiO(100) エッチングにおける反応経路上での全エネルギー（文献[127] より転載）
それぞれ，始状態と中間状態と終状態におけるエネルギー E_i, E_t 及び E_f を直線で繋げている．エネルギー原点は E_i で与えている．

いう指針が得られる．CMD では，この指針に従って新たに新規のガス種を提案し，上記と同様の計算を循環して繰り返す[*5]．その結果，高速エッチングの期待されるガス種の群が明らかになる．

[*5] ここで引用した文献[127] では，実際には，図 5.11 の (a) から (d) までの計算をこの循環手順に従って実行している．

A

非平衡グリーン関数法

　グリーン関数法は多体量子論における主要な手法の一つである．この手法により，多体量子系の振る舞いを摂動論に基づいて系統的に記述することができる．多体量子論におけるグリーン関数法は，系が基底状態に保たれるとする平衡過程への適用方法がまず確立し，その後，有限温度や非平衡過程への拡張が発展した．温度（松原）グリーン関数法は，定常的な有限温度系の振る舞いを平衡グリーン関数法と同程度の難易度で取り扱うことができるが，「虚時間」軸における「時間発展」として系の振る舞いを記述する技法を採用しているために動的過程への適用が難しい．非平衡グリーン関数法は，電気伝導や光電子放出など，粒子が一方向に流れるために始状態と終状態が異なる現象を記述するために拡張された方法であり，行列表示の導入により複雑な技法となるが，有限温度における動的過程を取り扱うことができる．

　本付録では，他の教科書など[128,129]により量子統計力学の基礎を習得済みであると想定して，4.1節における二光子光電子放出の微視的理論において援用した観測時刻に依存する非平衡グリーン関数法[130]について解説する．本手法は，通常の（ケルディッシュ，Keldysh）非平衡グリーン関数が2時間の関数として与えられるのに対し，観測時刻を加えた3時間の関数としてグリーン関数を再定義するところに特徴を持つ．これにより，例えば光電子放出の後に物質内に残される正孔の振る舞いやその影響を追跡することができる．

　多体電子系の光吸収に伴う時間発展を，リウビル・フォンノイマン方程式

$$i\hbar \frac{\partial \rho^S(t)}{\partial t} = [H_0 + V + W(t), \rho^S(t)] \qquad (A.1)$$

に従って追跡する．ここで，$\rho^S(t) = |\psi^S(t)\rangle \langle \psi^S(t)|$ はシュレーディンガー表示における密度行列である．但し，$|\psi^S(t)\rangle$ は $H_0 + V + W(t)$ に対するシュレー

ディンガー方程式の特定の初期条件における解である．H_0 は無摂動ハミルトニアンであり，一電子状態 $|\mu\rangle$ に対する数表示

$$H_0 = \sum_\mu E_\mu c_\mu^\dagger c_\mu \tag{A.2}$$

で与える．E_μ, $c_\mu^\dagger$ 及び c_μ は，それぞれ $|\mu\rangle$ に対する無摂動エネルギー，生成演算子及び消滅演算子を表す．V は電子間相互作用

$$V = \frac{1}{2} \sum_{\kappa,\lambda,\mu,\nu} V_{\kappa\lambda/\mu\nu} c_\lambda^\dagger c_\kappa^\dagger c_\mu c_\nu \tag{A.3}$$

を表す．但し，クーロンエネルギーや相関・交換エネルギーによって形成される静電ポテンシャルは有効ポテンシャルの一部として無摂動ハミルトニアンに組み込まれ，V はその有効ポテンシャルからの変化を与える摂動とする．

$$W(t) = \sum_{\nu,\mu} W_{\nu\mu}(t) c_\nu^\dagger c_\mu \tag{A.4}$$

は半古典的な外場（光の電場）との相互作用による摂動である．$W_{\nu\mu}(t)$ の具体的表式は特に指定しないが，光の振動数とパルス包絡関数に対応した時間依存性を持つとする．これは，例えば振動数 ω の単色定常光であれば，$W_{\nu\mu}(t) \propto \cos(\omega t)$ で与える．

摂動展開の準備のため相互作用表示（あるいはディラック表示）を導入し，シュレーディンガー表示の演算子 A に対して $a(t) = e^{iH_0 t/\hbar} A e^{-iH_0 t/\hbar}$ と表記することにする．すなわち，V 及び $W(t)$ に対する相互作用表示はそれぞれ $v(t)$ 及び $w(t)$ と表記する．相互作用表示の密度行列は $\rho^S(t)$ に対して $\rho(t) = e^{iH_0 t/\hbar} \rho^S(t) e^{-iH_0 t/\hbar}$ で与えられ，その対角要素 $\rho_{\mu\mu}(t)$ は時刻 t において状態 $|\mu\rangle$ に電子が見出される確率を表す．非対角要素 $\rho_{\mu\nu}(t)$ は状態 $|\mu\rangle$ から状態 $|\nu\rangle$ への遷移による分極を表す．密度行列を用いると，統計平均は

$$\langle \cdots \rangle = \frac{\mathrm{Tr}[\rho(t)\cdots]}{\mathrm{Tr}[\rho(t)]} \tag{A.5}$$

で与えられる．ここで，$\mathrm{Tr}[\cdots] = \sum_m \langle m|\cdots|m\rangle$ は $H_0 + V$ に対して対角化された多粒子状態 $|m\rangle$ に対するトレースを表す．密度行列自身は

$$\rho_{\mu\nu}(t) = \langle c_\nu^\dagger(t) c_\mu(t) \rangle \tag{A.6}$$

$$\rho(t) = \mathrm{e}^{\mathrm{i}H_0 t/\hbar} \rho^{\mathrm{S}}(t)\, \mathrm{e}^{-\mathrm{i}H_0 t/\hbar} = \sum_{\mu,\nu} |\mu\rangle\, \rho_{\mu\nu}(t)\, \langle\nu| \tag{A.7}$$

と表示することができる.

リウビル方程式 (A.1) を相互作用表示に移行させると,

$$\mathrm{i}\hbar \frac{\partial \rho(t)}{\partial t} = [V + W(t), \rho(t)] \tag{A.8}$$

と変形される. この式を逐次展開すると,

$$\begin{aligned}
\rho_{\mu\nu}(t_{\mathrm{M}}) = &\sum_{n=0}^{\infty} \sum_{n'=0}^{\infty} \left(\frac{1}{\mathrm{i}\hbar}\right)^{n+n'} \int_{\infty}^{-\infty} \mathrm{d}t'_1 \cdots \int_{\infty}^{-\infty} \mathrm{d}t'_{n'} \int_{-\infty}^{\infty} \mathrm{d}t_n \cdots \int_{-\infty}^{\infty} \mathrm{d}t_1 \\
&\times \theta(t_{\mathrm{M}} - t'_{n'})\theta(t'_{n'} - t'_{n'-1}) \cdots \theta(t'_2 - t'_1)\theta(t'_1 - t_0) \\
&\times \theta(t_{\mathrm{M}} - t_n)\theta(t_n - t_{n-1}) \cdots \theta(t_2 - t_1)\theta(t_1 - t_0) \\
&\times \langle h'(t'_1) \cdots h'(t'_{n'-1}) h'(t'_{n'}) c^{\dagger}_{\nu}(t_{\mathrm{M}}) c_{\mu}(t_{\mathrm{M}}) h'(t_n) h'(t_{n-1}) \cdots h'(t_1) \rangle
\end{aligned} \tag{A.9}$$

が得られる. 但し, $h'(t) = v(t) + w(t)$ であり, $\theta(t)$ はステップ関数である. t_{M} は観測時刻に相当し, 積分変数として与えられたいかなる時刻よりも未来である. 例えば光電子分光の場合は光電子の検出時刻に相当する. t_0 は初期条件を与える時刻であり, 積分変数として与えられたいかなる時刻よりも過去である. 熱平衡状態にあった系に外場が作用する問題では, 摂動がかかる前の無限の過去に温度 T で熱分布していると仮定して, $t_0 \to -\infty$ 及び $\rho(t_0) = \mathrm{e}^{-H_0/k_{\mathrm{B}}T}$ と与えることができる. 但し, k_{B} はボルツマン定数である.

式 (A.9) 中の多粒子相関関数 $\langle h'(t'_1) \cdots h'(t_1) \rangle$ に含まれる演算子を右からみると, まず t_1 から t_{M} まで時間の順序で並び, 続いて t_{M} から t'_1 まで逆順序で並んでいる. この並びを図 A.1 のように示した図形をケルディッシュ輪郭 (Keldysh contour) と呼ぶ. 多粒子相関関数の左側及びケルディッシュ輪郭の下側 (復路の枝) はシュレーディンガー表示のブラベクトル $\langle \psi^{\mathrm{S}}(t)|$ に, 反対側 (往路の枝) はケットベクトル $|\psi^{\mathrm{S}}(t)\rangle$ に対応する. 式 (A.9) は

$$\begin{aligned}
\rho_{\mu\nu}(t_{\mathrm{M}}) = &\sum_{n=0}^{\infty} \left(\frac{1}{\mathrm{i}\hbar}\right)^n \frac{1}{n!} \int_{-\infty}^{\infty} \mathrm{d}t_1 \cdots \int_{-\infty}^{\infty} \mathrm{d}t_n \\
&\times \langle \mathrm{T}_{\mathrm{c}}(t_{\mathrm{M}})[c^{\dagger}_{\nu}(t^{-}_{\mathrm{M}}) c_{\mu}(t^{+}_{\mathrm{M}}) h'(t_1) \cdots h'(t_n)] \rangle
\end{aligned} \tag{A.10}$$

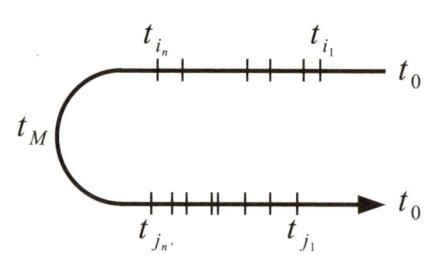

図 A.1 ケルディッシュ輪郭
左側が未来,右側が過去を示す.

と簡略表記される.但し,$T_c(t_M)$ は括弧内の演算子をケルディッシュ輪郭に沿う時間順序で配列することを示す時間順序積記号である.上付き符号の添えられた時刻 t^+ 及び t^- は,それぞれケルディッシュ輪郭の往路及び復路の枝に属する時刻を表す.式 (A.10) における t_M^+ 及び t_M^- は,$c_\nu^\dagger(t_M^-)$ と $c_\mu(t_M^+)$ の順序が $T_c(t_M)$ によって交換しないことを保証させるために区別されている.

ここで,二光子光電子放出の場合を例にとり,式 (A.9) を変形する.多粒子相関関数 $\langle h'(t_1') \cdots h'(t_1) \rangle$ に含まれる $h'(t)$ のうち 4 個を $w(t)$ とし,その他をすべて $v(t)$ とする.さらに $w(t)$ をケルディッシュ輪郭の往路及び復路の枝にそれぞれ 2 個ずつ配分する.往路において,時刻 t_1 における光吸収に伴い被占有準位 $|q\rangle$ の電子が空準位 $|k\rangle$ に励起され,続いてその電子が時刻 t_2 における光吸収に伴い光電子状態 $|f\rangle$ に励起される(復路では $t_1 \Rightarrow t_1'$, $t_2 \Rightarrow t_2'$, $k \Rightarrow k'$)と仮定すると,時刻 t_M において見出される光電子数密度の表式として

$$\rho_{ff}(t_M) = -i\hbar \lim_{t \to t_M - 0} \lim_{t' \to t_M - 0} \sum_k \sum_{k'} \sum_q \int_\infty^{-\infty} dt_1' \int_\infty^{-\infty} dt_2' \int_{-\infty}^\infty dt_2 \int_{-\infty}^\infty dt_1$$
$$\times W_{qk'}(t_1') W_{k'f}(t_2') W_{fk}(t_2) W_{kq}(t_1)$$
$$\times G_{ff}^{++}(t, t_2; t_M) G_{kk}^{++}(t_2, t_1; t_M) G_{qq}^{+-}(t_1, t_1'; t_M)$$
$$\times G_{k'k'}^{--}(t_1', t_2'; t_M) G_{ff}^{--}(t_2', t'; t_M) \quad (A.11)$$

が得られる.但し,

$$G_{\mu\nu}^{++}(t, t'; t_M) = [G_{\nu\mu}^{--}(t', t; t_M)]^*$$
$$= \sum_{n=0}^\infty \sum_{n'=0}^\infty \left(\frac{1}{i\hbar}\right)^{n+n'+1} \int_\infty^{-\infty} dt_1' \cdots \int_\infty^{-\infty} dt_{n'}' \int_{-\infty}^\infty dt_n \cdots \int_{-\infty}^\infty dt_1$$

A. 非平衡グリーン関数法

$$\times \theta(t_M - t'_{n'}) \cdots \theta(t'_2 - t'_1) \theta(t_M - t_n) \cdots \theta(t_2 - t_1)$$
$$\times \sum_{l=1}^{n} \sum_{l'=1}^{n} \theta(t_{l+1} - t) \theta(t - t_l) \theta(t_{l'+1} - t') \theta(t' - t_{l'})$$
$$\times [\theta(t - t') \langle v(t'_1) \cdots v(t'_{n'})$$
$$\times v(t_n) \cdots c_\mu(t) \cdots c_\nu^\dagger(t') \cdots v(t_1) \rangle$$
$$\mp \theta(t' - t) \langle v(t'_1) \cdots v(t'_{n'})$$
$$\times v(t_n) \cdots c_\nu^\dagger(t') \cdots c_\mu(t) \cdots v(t_1) \rangle] \qquad (A.12)$$
$$= \frac{1}{i\hbar} \big[\theta(t - t') \langle \tilde{U}(-\infty, t_M)$$
$$\times U(t_M, t) c_\mu(t) U(t, t') c_\nu^\dagger(t') U(t', -\infty) \rangle$$
$$\mp \theta(t' - t) \langle \tilde{U}(-\infty, t_M)$$
$$\times U(t_M, t') c_\nu^\dagger(t') U(t', t) c_\mu(t) U(t, -\infty) \rangle \big]$$
$$(A.13)$$

及び

$$G^{+-}_{\mu\nu}(t, t'; t_M) = \mp \sum_{n=0}^{\infty} \sum_{n'=0}^{\infty} \left(\frac{1}{i\hbar}\right)^{n+n'+1} \int_\infty^{-\infty} dt'_1 \cdots \int_\infty^{-\infty} dt'_{n'} \int_{-\infty}^{\infty} dt_n \cdots \int_{-\infty}^{\infty} dt_1$$
$$\times \theta(t_M - t'_{n'}) \cdots \theta(t'_2 - t'_1) \theta(t_M - t_n) \cdots \theta(t_2 - t_1)$$
$$\times \sum_{l=1}^{n} \sum_{l'=1}^{n'} \theta(t_{l+1} - t) \theta(t - t_l) \theta(t'_{l'+1} - t') \theta(t' - t'_{l'})$$
$$\times \langle v(t'_1) \cdots c_\nu^\dagger(t') \cdots v(t'_{n'}) v(t_n) \cdots c_\mu(t) \cdots v(t_1) \rangle$$
$$(A.14)$$
$$= \mp \frac{1}{i\hbar} \langle \tilde{U}(-\infty, t') c_\nu^\dagger(t') \tilde{U}(t', t_M) U(t_M, t) c_\mu(t) U(t, -\infty) \rangle$$
$$(A.15)$$

である．和の中の t_{n+1} 及び $t'_{n'+1}$ は t_M に置き換えられるものとする．$n = 0$ の項では t_1 から t_n までの変数に対する積分がなく，相関関数中の往路に存在する演算子を $c_\mu(t)$ のみとする．$n' = 0$ の項についても同様である．複号の上側はフェルミ粒子，下側はボース粒子に対応する（光電子放出の場合はフェルミ粒子の符号をとる）．$U(t, t')$ 及び $\tilde{U}(t, t')$ はそれぞれ往路及び復路の枝に対する時間発展

演算子であり，

$$
\begin{aligned}
U(t,t') = 1 + \sum_{n=1}^{\infty} \left(\frac{1}{i\hbar}\right)^n & \int_{-\infty}^{\infty} dt_n \cdots \int_{-\infty}^{\infty} dt_1 \\
& \times \theta(t-t_n)\theta(t_n-t_{n-1})\cdots\theta(t_2-t_1)\theta(t_1-t') \\
& \times v(t_n)v(t_{n-1})\cdots v(t_2)v(t_1)
\end{aligned}
\tag{A.16}
$$

$$
\begin{aligned}
\tilde{U}(t,t') = 1 + \sum_{n=1}^{\infty} \left(\frac{1}{i\hbar}\right)^n & \int_{\infty}^{-\infty} dt_n \cdots \int_{\infty}^{-\infty} dt_1 \\
& \times \theta(t'-t_n)\theta(t_n-t_{n-1})\cdots\theta(t_2-t_1)\theta(t_1-t) \\
& \times v(t_1)v(t_2)\cdots v(t_{n-1})v(t_n)
\end{aligned}
\tag{A.17}
$$

で定義される．$U(t,t') = [\tilde{U}(t',t)]^\dagger$ であり，$t > t'' > t'$ であれば $U(t,t') = U(t,t'')U(t'',t')$ 及び $\tilde{U}(t',t) = \tilde{U}(t',t'')\tilde{U}(t'',t)$ である．$U(t,t')$ 及び $\tilde{U}(t',t)$ は $t > t'$ を暗示する．ここで，$\tilde{U}(t,t'')U(t'',t')$ は $U(t,t')$ または $\tilde{U}(t,t')$ のいずれとも関係付けられないことに注意すべきである．

式 (A.15) の相手方として

$$
\begin{aligned}
G_{\mu\nu}^{-+}(t,t';t_M) = \sum_{n=0}^{\infty}\sum_{n'=0}^{\infty} & \left(\frac{1}{i\hbar}\right)^{n+n'+1} \int_{\infty}^{-\infty} dt'_1 \cdots \int_{\infty}^{-\infty} dt'_{n'} \int_{-\infty}^{\infty} dt_n \cdots \int_{-\infty}^{\infty} dt_1 \\
& \times \theta(t_M - t'_{n'})\cdots\theta(t'_2 - t'_1)\theta(t_M - t_n)\cdots\theta(t_2 - t_1) \\
& \times \sum_{l=1}^{n}\sum_{l'=1}^{n'} \theta(t'_{l'+1} - t)\theta(t - t'_{l'})\theta(t_{l+1} - t')\theta(t' - t_l) \\
& \times \langle v(t'_1)\cdots c_\mu(t)\cdots v(t'_{n'})v(t_n)\cdots c_\nu^\dagger(t')\cdots v(t_1)\rangle
\end{aligned}
\tag{A.18}
$$

$$
= \frac{1}{i\hbar}\langle \tilde{U}(-\infty,t)c_\mu(t)\tilde{U}(t,t_M)U(t_M,t')c_\nu^\dagger(t')U(t',-\infty)\rangle
\tag{A.19}
$$

を定義すると，時間順序積記号 $T_c(t_M)$ を用いて

$$
\begin{aligned}
G_{\mu\nu}^{AB}(t,t';t_M) = \sum_{n=0}^{\infty} & \left(\frac{1}{i\hbar}\right)^n \frac{1}{n!} \int_{-\infty}^{\infty} dt_1 \cdots \int_{-\infty}^{\infty} dt_n \\
& \times \langle T_c(t_M)\left[c_\mu(t^A)c_\nu^\dagger(t'^B)v(t_1)\cdots v(t_n)\right]\rangle
\end{aligned}
\tag{A.20}
$$

$$= \frac{1}{i\hbar} \langle T_c(t_M) [c_\mu(t^A) c_\nu^\dagger(t'^B) \tilde{U}(-\infty, t_M) U(t_M, -\infty)] \rangle \quad \text{(A.21)}$$

とまとめることができる. 但し, A 及び B は $+$ か $-$ のいずれかである. $U(t_M, -\infty)$ に含まれる演算子はすべて往路の枝, $\tilde{U}(-\infty, t_M)$ に含まれる演算子はすべて復路の枝に属することに注意すべきである. この式の中の多体相関関数は, ウィック (Wick) の定理によって一体相関関数の積の線形結合に簡約できる.

行列で表示した

$$\mathbf{G}(t, t'; t_M) = \begin{pmatrix} G^{++}(t, t'; t_M) & G^{+-}(t, t'; t_M) \\ G^{-+}(t, t'; t_M) & G^{--}(t, t'; t_M) \end{pmatrix} \quad \text{(A.22)}$$

は, グリーン関数の従うべき運動方程式

$$\left[i\hbar \frac{\partial}{\partial t} - H_0 \right] \sigma_z \mathbf{G}(t, t'; t_M) - \int_{-\infty}^{\infty} dt'' \, \Sigma(t, t''; t_M) \mathbf{G}(t'', t'; t_M) = \delta(t - t') \mathbf{I} \quad \text{(A.23)}$$

を満たす. 但し,

$$\Sigma(t, t'; t_M) = \begin{pmatrix} \Sigma^{++}(t, t'; t_M) & \Sigma^{+-}(t, t'; t_M) \\ \Sigma^{-+}(t, t'; t_M) & \Sigma^{--}(t, t'; t_M) \end{pmatrix} \quad \text{(A.24)}$$

は自己エネルギー行列,

$$\sigma_z = \begin{pmatrix} 1 & 0 \\ 0 & -1 \end{pmatrix} \quad \text{(A.25)}$$

はパウリ行列,

$$\mathbf{I} = \begin{pmatrix} 1 & 0 \\ 0 & 1 \end{pmatrix} \quad \text{(A.26)}$$

は単位行列である. 自己エネルギー行列の各要素は

$$\Sigma_{\mu\nu}^{AB}(t, t'; t_M)$$
$$= \frac{1}{i\hbar} \Big\{ \frac{n_A + n_B}{2} \sum_{\alpha\beta} [V_{\alpha\mu/\beta\nu} \mp V_{\alpha\mu/\nu\beta}]$$
$$\times \langle T_c(t_M) [c_\alpha^\dagger(t^A + n_A \eta) c_\beta(t^A) \tilde{U}(-\infty, t_M) U(t_M, -\infty)] \rangle$$

$$+ n_A n_B \sum_{\alpha\beta\gamma} \sum_{\alpha'\beta'\gamma'} V_{\alpha\mu/\beta\gamma} V_{\gamma'\beta'/\nu\alpha'}$$
$$\times \langle \mathrm{T_c}(t_\mathrm{M})[c_\alpha^\dagger(t^A + 2n_A\eta)c_\beta(t^A + n_A\eta)c_\gamma(t^A)$$
$$\times c_{\gamma'}^\dagger(t'^B + 2n_B\eta)c_{\beta'}^\dagger(t'^B + n_B\eta)c_{\alpha'}(t'^B)$$
$$\times \tilde{U}(-\infty, t_\mathrm{M})U(t_\mathrm{M}, -\infty)]\rangle\bigg\} \qquad (\mathrm{A}.27)$$

である.但し,A 及び B は $+$ か $-$ のいずれかであり,$n_+ = 1$,$n_- = -1$ 及び $\eta \to +0$ である.式 (A.20) で定義した関数はケルディッシュの提案した非平衡グリーン関数とほぼ同型であり,実際グリーン関数として機能するが,相関関数に含まれる演算子の時刻が観測時刻 t_M よりも過去に限定され,それ故に関数全体として t_M に依存する部分が異なる.この t_M 依存性は因果律を反映したものであり,観測量の評価において重要な要素である.

式 (A.11) に含まれるグリーン関数について,それらの解析的特徴を例示する.$G_{ff}^{++}(t,t';t_\mathrm{M})$ は,状態 $|f\rangle$ にある光電子の散乱を無視すると,無摂動グリーン関数に等しくなる.式 (A.12) における $n = n' = 0$ の項を取り出すと

$$\begin{aligned}
G_{0;\mu\nu}^{++}(t,t';t_\mathrm{M}) &= [G_{0;\nu\mu}^{--}(t',t;t_\mathrm{M})]^* \\
&= \frac{1}{i\hbar}\theta(t_\mathrm{M}-t')\theta(t_\mathrm{M}-t) \\
&\quad \times [\theta(t-t')\langle c_\mu(t)c_\nu^\dagger(t')\rangle \mp \theta(t'-t)\langle c_\nu^\dagger(t')c_\mu(t)\rangle] \\
&= \frac{1}{i\hbar}\theta(t_\mathrm{M}-t')\theta(t_\mathrm{M}-t)\langle \mathrm{T}c_\mu(t)c_\nu^\dagger(t')\rangle \qquad (\mathrm{A}.28)
\end{aligned}$$

が得られる.但し,T は通常の時間順序積記号である.式 (A.11) において課されている $t, t' \to t_\mathrm{M}$ の条件より,$G_{ff}^{++}(t,t';t_\mathrm{M})$ は平衡系の無摂動グリーン関数と等価になり,t_M に依存しない $t - t'$ の関数

$$\begin{aligned}
G_{ff}^{++}(t-t') &= -[G_{ff}^{--}(t'-t)]^* \\
&= \frac{1}{i\hbar}\{\theta(E_f - E_\mathrm{F})\theta(t-t')e^{(-iE_f - 0^+)(t-t')/\hbar} \\
&\quad - \theta(E_\mathrm{F} - E_f)\theta(t'-t)e^{(iE_f - 0^+)(t'-t)/\hbar}\} \qquad (\mathrm{A}.29)
\end{aligned}$$

として振る舞う.但し,E_F はフェルミエネルギーである.

次に,$G_{kk}^{++}(t,t';t_\mathrm{M})$ の表式を導出する.この関数は,$|k\rangle$ が空準位の場合,時刻 t' に状態に生成された電子が t に消滅するまで V による散乱を受けつつも残存

する確率振幅を与える．また，$|k\rangle$ が被占有準位の場合は，t に生成された正孔が t' まで残存する確率振幅を与える．式 (A.12) に含まれる相関関数中において，t_1 から t あるいは t' の内の早い方の直前まで連続した v は，後に $|k\rangle$ の散乱に関与することになる電子や正孔を事前に励起する散乱事象を表している．この過程の間は系全体が外場からエネルギーを獲得していないので，励起される電子や正孔はフェルミエネルギー近傍に限定され，低エネルギーの揺らぎをもたらす．t あるいは t' の内の遅い方の直後から t_n まで連続した v は，$|k\rangle$ の散乱後に残留した 2 次電子・正孔が散乱し合い，最終的に t_M における低エネルギーの揺らぎをもたらす事象を表している．t'_1 から $t'_{n'}$ までの連続した v は最終的に t_M における低エネルギーの揺らぎをもたらす散乱事象を表す．t_M と t 及び t' の間が十分に長ければ，t_M における揺らぎは散乱による系の温度変化を表し得る．

簡単のため，式 (A.12) に含まれる相関関数中において（すなわち $|k\rangle$ の散乱にかかわる電子のみに注目したとき），$|k\rangle$ への電子あるいは正孔の生成前に系が平衡状態にあり，消滅後には速やかに何らかの平衡状態に至ると仮定すると，$\tilde{U}(-\infty, t_M) U(t_M, -\infty) \to \tilde{U}(-\infty, \infty) U(\infty, -\infty)$ と近似でき，式 (A.13) は t_M 依存性を失ってケルディッシュの形式と等価になる．さらに，$|E_k - E_F|$ が熱揺らぎより十分に大きければ，$G^{++}_{kk}(t, t'; t_M)$ は絶対零度の因果グリーン関数で近似できる．そこでマルコフ (Markov) 過程を適用すると，$t - t'$ の関数として

$$G^{++}_{kk}(t-t') = -[G^{--}_{kk}(t'-t)]^*$$
$$= \frac{1}{i\hbar}\{\theta(E_k - E_F)\theta(t-t') e^{(-iE_k - \Gamma_k)(t-t')/\hbar}$$
$$- \theta(E_F - E_k)\theta(t'-t) e^{(iE_k - \Gamma_k)(t'-t)/\hbar}\} \quad (A.30)$$

が得られる．但し，Γ_k は $|k\rangle$ の寿命幅である．

次に，$G^{+-}_{qq}(t, t'; t_M)$ の表式を導出する．$|E_F - E_q|$ が熱揺らぎより十分に大きければ，この関数は $|q\rangle$ が被占有準位の場合にのみ有限値を持つ．式 (A.14) に含まれる相関関数は，往路の枝では時刻 t に生成された正孔あるいはその散乱に伴って励起される 2 次電子・正孔が t_M まで V による散乱を受けつつも残存し，復路の枝では t' に生成された正孔あるいはその 2 次電子・正孔が t_M まで同様に残存する事象を表している．t_1 から t の直前まで，及び t'_1 から t' の内の直前まで連続した v は，後に $|q\rangle$ の散乱に関与することになる電子や正孔を事前に励起する散乱事象を表しており，$G^{++}_{kk}(t, t'; t_M)$ の場合と同様に低エネルギーの揺らぎ

をもたらす．式 (A.14) に含まれる相関関数中において（すなわち $|q\rangle$ の散乱にかかわる電子のみに注目したとき），t_M で正孔あるいはその 2 次電子・正孔が残存して V による散乱を受け続けているため，$t_\mathrm{M} \to \infty$ の極限で近似することはできない．V が余り大きくなければ，2 次電子・正孔の寄与は小さくなるため，$|q\rangle$ における正孔の振る舞いのみに注目できる．この考え方を一般の G^{+-} に適用すると，

$$G^{+-}_{\mu\nu}(t,t';t_\mathrm{M}) \simeq \mp i\hbar \lim_{\tau \to t_\mathrm{M}-0} \theta(\tau-t) \lim_{\tau' \to t_\mathrm{M}-0} \theta(\tau'-t') \\ \times \sum_\lambda G^{++}_{\mu\lambda}(t,\tau;t_\mathrm{M}) G^{--}_{\lambda\mu}(\tau',t';t_\mathrm{M}) \qquad (\mathrm{A}.31)$$

と近似できる．但し，μ, ν 及び λ はエネルギー準位の接近した電子準位とする．G^{++} 及び G^{--} を絶対零度の（反）因果グリーン関数で近似しマルコフ過程を適用すると，

$$\begin{aligned} G^{+-}_{qq}(t_\mathrm{M}-t, t'-t_\mathrm{M}) &\simeq -\frac{1}{i\hbar}\theta(E_\mathrm{F}-E_q)\theta(t_\mathrm{M}-t)\theta(t_\mathrm{M}-t') \\ &\quad \times e^{(iE_q-\Gamma_q)(t_\mathrm{M}-t)/\hbar} e^{(-iE_q-\Gamma_q)(t_\mathrm{M}-t')/\hbar} \\ &= -\frac{1}{i\hbar}\theta(E_\mathrm{F}-E_q)\theta((t_\mathrm{M}-t')-(t-t'))\theta(t_\mathrm{M}-t') \\ &\quad \times e^{-(iE_q-\Gamma_q)(t-t')/\hbar} e^{-2\Gamma_q(t_\mathrm{M}-t')/\hbar} \end{aligned}$$
$$(\mathrm{A}.32)$$

が得られる．この関数が持つ重要な特徴は，（無摂動の場合を除いて）$t-t'$ のみの関数としては表示できないことである．G^{-+} に対しても同様の考え方が適用でき，

$$G^{-+}_{\mu\nu}(t,t';t_\mathrm{M}) \simeq i\hbar \lim_{\tau \to t_\mathrm{M}-0} \theta(\tau-t) \lim_{\tau' \to t_\mathrm{M}-0} \theta(\tau'-t') \\ \times \sum_\lambda G^{--}_{\mu\lambda}(t,\tau;t_\mathrm{M}) G^{++}_{\lambda\mu}(\tau',t';t_\mathrm{M}) \qquad (\mathrm{A}.33)$$

と近似できる．

以上の議論から，非平衡グリーン関数は近似的に

$$\mathbf{G}(t,t';t_\mathrm{M}) \simeq \begin{pmatrix} G^{++}(t-t') & G^{+-}(t_\mathrm{M}-t, t'-t_\mathrm{M}) \\ G^{-+}(t-t_\mathrm{M}, t_\mathrm{M}-t') & G^{--}(t'-t) \end{pmatrix} \qquad (\mathrm{A}.34)$$

の関数型を持つことが分かる.ケルディッシュの方法では $\hat{\mathbf{G}} = \frac{1}{2}(I - \mathrm{i}\sigma_y)\mathbf{G}(I + \mathrm{i}\sigma_y)$ の変換(ケルディッシュ回転)によって先進グリーン関数 $G^{\mathrm{a}}(t,t') = G^{++} - G^{+-} = G^{-+} - G^{--}$ 及び遅延グリーン関数 $G^{\mathrm{r}}(t,t') = G^{++} - G^{-+} = G^{+-} - G^{--}$ と関係付け(σ_y はパウリ行列),平衡系の理論で発展したレーマン (Lehmann) 表示に基づく技法等を適用することが多い.しかし,t_{M} 依存性を考慮すると,この技法は明らかに適用不可能である.そのため,t_{M} に依存した非平衡グリーン関数法においては量子統計力学において発展した多くの技法がそのままでは適用できず,技法の開発において課題が残っている.

文　　献

1) N. W. アシュクロフト，N. D. マーミン（松原武生，町田一成 訳）：固体物理の基礎（上・I）．吉岡書店，京都，1981.
2) N. W. アシュクロフト，N. D. マーミン（松原武生，町田一成 訳）：固体物理の基礎（上・II）．吉岡書店，京都，1981．．
3) I. E. Tamm: *Phys. Z. Sowjetunion*, Vol. 1, p. 733, 1932.
4) W. Shockley: *Phys. Rev.*, Vol. 56, p. 317, 1939.
5) J. Bardeen: *Phys. Rev.*, Vol. 71, p. 717, 1947.
6) M. Fujita, K. Wakabayashi, K. Nakada, and K.Kusakabe: *J. Phys. Soc. Jpn.*, Vol. 65, p. 1920, 1996.
7) K. Kusakabe and M. Maruyama: *Phys. Rev. B*, Vol. 67, p. 092406, 2003.
8) M. Maruyama and K. Kusakabe: *J. Phys. Soc. Jpn.*, Vol. 73, p. 656, 2004.
9) 笠井秀明，赤井久純，吉田　博（編）：計算機マテリアルデザイン入門．大阪大学出版会，大阪，2005.
10) 赤井久純，白井光雲（編著）：密度汎関数法の発展―マテリアルデザインへの応用．丸善出版，東京，2011.
11) S. Grimme: *J. Comp. Chem.*, Vol. 27, p. 1787, 2006.
12) W. A. Diño, H. Kasai, and A. Okiji: *J. Phys. Soc. Jpn.*, Vol. 64, p. 2478, 1995.
13) W. A. Diño, H. Kasai, and A. Okiji: *Prog. Surf. Sci.*, Vol. 63, p. 63, 2000.
14) 笠井秀明，W. A. Diño，興地斐男：日本物理学会誌，Vol. 52, p. 824, 1997.
15) H. Kasai, N. Okamoto, and A. Okiji: *J. Phys. Soc. Jpn.*, Vol. 64, p. 4308, 1995.
16) M. Mizuno, H. Kasai, and A. Okiji: *Surf. Sci.*, Vol. 275, p. 290, 1992.
17) C. T. Rettner, J. Kimman, F. Fabre, D. J. Auerbach, and H. Morawitz: *Surf. Sci.*, Vol. 192, p. 107, 1987.
18) H. Kasai and A. Okiji: *Surf. Sci.*, Vol. 225, p. L33, 1990.

19) C. T. Rettner, F. Fabre, J. Kimman, and D. J. Auerbach: *Phys. Rev. Lett.*, Vol. 55, p. 1904, 1985.
20) K. Nobuhara, H. Nakanishi, H. Kasai, and A. Okiji: *Surf. Sci.*, Vol. 493, p. 271, 2001.
21) 今村　勤：物理とグリーン関数．岩波書店，東京，1994．
22) 高橋　康：物性研究者のための場の量子論 I．培風館，東京，1974．
23) H. Kasai, A. Okiji, and W. Brenig: *J. Electron Spectrosc. Relat. Phenom.*, Vol. 54/55, p. 153, 1990.
24) H. Kasai and A. Okiji: *Prog. Surf. Sci.*, Vol. 44, p. 101, 1993.
25) M. Dürr and U. Höfer: *Surf. Sci. Rep.*, Vol. 61, p. 465, 2006.
26) Y. Miura, H. Kasai, and W. A. Diño: *J. Phys. Soc. Jpn.*, Vol. 68, p. 887, 1999.
27) W. A. Diño, H. Kasai, and A. Okiji: *Phys. Rev. Lett.*, Vol. 78, p. 286, 1997.
28) W. A. Diño, H. Kasai, and A. Okiji: *Surf. Sci.*, Vol. 418, p. L39, 1998.
29) Y. Miura, W. A. Diño, H. Kasai, and A. Okiji: *J. Phys. Soc. Jpn.*, Vol. 69, p. 3878, 2000.
30) G. Wiesenekker, G. J. Kroes, and E. J. Baerends: *J. Chem. Phys.*, Vol. 104, p. 7344, 1996.
31) Y. Miura, W. A. Diño, H. Kasai, and A. Okiji: *Surf. Sci.*, Vol. 493, p. 298, 2001.
32) 三浦良雄，笠井秀明，W. A. Diño，興地斐男：真空，Vol. 44, p. 276, 2001.
33) Y. Miura, H. Kasai, and W. A. Diño: *J. Phys.: Condens. Matter*, Vol. 14, p. 4345, 2002.
34) 三浦良雄，笠井秀明，興地斐男：真空，Vol. 45, p. 443, 2002.
35) Y. Miura, H. Kasai, and W. A. Diño: *J. Phys. Soc. Jpn.*, Vol. 71, p. 222, 2002.
36) Y. Miura, W. A. Diño, H. Kasai, and A. Okiji: *Surf. Sci.*, Vol. 507-510, p. 838, 2002.
37) A. Farkas: *Orthohydrogen, Parahydrogen, and Heavy Hydrogen*. Cambridge University Press, Cambridge, 1935.
38) K. Pachucki and J. Komasa: *Phys. Rev. A*, Vol. 77, p. 030501(R), 2008.
39) H. Kasai, W. A. Diño, and R. Muhida: *Prog. Surf. Sci.*, Vol. 72, p. 53, 2003.
40) R. Muhida, W. A. Diño, A. Fukui, Y. Miura, H. Kasai, H. Nakanishi, A. Okiji, K. Fukutani, and T. Okano: *J. Phys. Soc. Jpn.*, Vol. 70, p. 3654,

2001.
41) M. Rohwerder and C. Benndorf: *Surf. Sci.*, Vol. 307-309, p. 789, 1994.
42) I. I. Chorkendorff and P. B. Rasmussen: *Surf. Sci.*, Vol. 248, p. 35, 1991.
43) H. Conrad, M. E. Kordesch, W. Stenzel, and M. Sunjic: *J. Vac. Sci. Technol. A*, Vol. 5, p. 452, 1987.
44) C. Nyberg and C. G. Tengstål: *Phys. Rev. B*, Vol. 50, p. 1680, 1983.
45) C. Astaldi, A. Bianco, S. Modesti, and E. Tosatti: *Phys. Rev. Lett.*, Vol. 68, p. 90, 1992.
46) G. Lee and E. W. Plummer: *Surf. Sci.*, Vol. 498, p. 229, 2002.
47) L. J. Lauhon and W. Ho: *Phys. Rev. Lett.*, Vol. 85, p. 4566, 2000.
48) K. Fukutani, A. Itoh, M. Wilde, and M. Matsumoto: *Phys. Rev. Lett.*, Vol. 88, p. 116101, 2002.
49) M. Fukuoka, M. Okada, M. Matsumoto, S. Ogura, K. Fukutani, and T. Kasai: *Phys. Rev. B*, Vol. 75, p. 235434, 2007.
50) M. Wilde, K. Fukutani, M. Naschitzki, and H.-J. Freund: *Phys. Rev. B*, Vol. 77, p. 113412, 2008.
51) 尾澤伸樹, 坂上 護, 笠井秀明: *J. Vac. Soc. Jpn.*, Vol. 53, p. 592, 2010.
52) K. Nobuhara, H. Kasai, H. Nakanishi, and A. Okiji: *J. Appl. Phys.*, Vol. 96, p. 5020, 2004.
53) N. Ozawa, T. Roman, H. Nakanishi, W. A. Diño, and H. Kasai: *Phys. Rev. B*, Vol. 75, p. 115421, 2007.
54) N. Ozawa, N. B. Arboleda Jr., T. Roman, H. Nakanishi, W. A. Diño, and H. Kasai: *J. Phys.: Condens. Matter*, Vol. 19, p. 365214, 2007.
55) 西嶋光昭: 表面, Vol. 25, p. 218, 1987.
56) 福谷克之, 笠井秀明: 表面科学, Vol. 27, p. 213, 2006.
57) M. Sakaue, T. Munakata, H. Kasai, and A. Okiji: *Phys. Rev. B*, Vol. 68, p. 205421, 2003.
58) M. Sakaue: *J. Phys.: Condens. Matter*, Vol. 17, p. S245, 2005.
59) M. Wolf, E. K. A. Hotzel, and D. Velic: *Phys. Rev. B*, Vol. 59, p. 5926, 1999.
60) K. Boger, M. Roth, M. Weinelt, and T. Fauster: *Phys. Rev. B*, Vol. 65, p. 075104, 2002.
61) H. Ueba and T. Mii: *Appl. Phys. A: Mater. Sci. Process.*, Vol. 71, p. 537, 2000.
62) H. Petek and S. Ogawa: *Prog. Surf. Sci.*, Vol. 56, p. 239, 1997.

63) P. Saalfrank, G. Boendgen, C. Corriol, and T. Nakajima: *Faraday Discuss.*, Vol. 117, p. 65, 2000.
64) T. Vondrak and X.-Y. Zhu: *Phys. Rev. Lett.*, Vol. 82, p. 1967, 1999.
65) J. W. Gadzuk, L. J. Richter, S. A. Buntin, D. S. King, and R. R. Cavanagh: *Surf. Sci.*, Vol. 235, p. 317, 1990.
66) P. Saalfrank and R. Kosloff: *J. Chem. Phys.*, Vol. 105, p. 2441, 1996.
67) E. T. Foley, A. F. Kam, J. W. Lyding, and Ph. Avouris: *Phys. Rev. Lett.*, Vol. 80, p. 1336, 1998.
68) O. Dulub, M. Batzill, S. Solovev, E. Loginova, A. Alchagirov, T. E. Madey, and U. Diebold: *Science*, Vol. 317, p. 1052, 2007.
69) M. Mizuno, H. Kasai, and A. Okiji: *Surf. Sci.*, Vol. 310, p. 273, 1994.
70) H. Kasai, A. Okiji, and H. Tsuchiura: *Surf. Sci.*, Vol. 363, p. 214, 1996.
71) H. Tsuchiura, H. Kasai, and A. Okiji: *J. Phys. Soc. Jpn.*, Vol. 66, p. 2805, 1997.
72) 笠井秀明：表面科学, Vol. 11, p. 274, 1990.
73) W. Hübner, W. Brenig, and H. Kasai: *Surf. Sci.*, Vol. 226, p. 286, 1990.
74) 笠井秀明：表面科学, Vol. 19, p. 629, 1998.
75) S. Jørgensen, F. Dubnikova, R. Kosloff, Y. Zeiri, Y. Lilach, and M. Asscher: *J. Phys. Chem. B*, Vol. 108, p. 14056, 2004.
76) F. M. Zimmermann and W. Ho: *J. Chem. Phys.*, Vol. 100, p. 7700, 1994.
77) S. Thiel, T. Kluner, and H.-J. Freund: *Chem. Phys.*, Vol. 236, p. 263, 1998.
78) P. Saalfrank, G. Boendgen, K. Finger, and L. Pesce: *Chem. Phys.*, Vol. 251, p. 51, 2000.
79) H. Arnolds, R. J. Levis, and D. A. King: *Chem. Phys. Lett.*, Vol. 380, p. 444, 2003.
80) D. Bejan and G. Raseev: *J. Optoelectron. Adv. M.*, Vol. 8, p. 1331, 2006.
81) C. Bach, T. Klüner, and A. Groß: *Appl. Phys. A*, Vol. 78, p. 231, 2004.
82) A. C. Hewson: *The Kondo Problem to Heavy Fermions*. Cambridge University Press, Cambridge, 1993.
83) 山田耕作：電子相関. 岩波書店, 東京, 2000.
84) 芳田 奎：磁性. 岩波書店, 東京, 1991.
85) 斯波弘行：電子相関の物理. 岩波書店, 東京, 2001.
86) 近藤 淳：金属電子論. 裳華房, 東京, 1983.
87) 佐宗哲郎：強相関電子系の物理. 日本評論社, 東京, 2009.
88) 上田和夫, 大貫惇睦：重い電子系の物理. 裳華房, 東京, 2008.

89) J. Kondo: *Prog. Theor. Phys.*, Vol. 32, p. 37, 1964.
90) K. Yosida and K. Yamada: *Prog. Theor. Phys. Suppl.*, Vol. 46, p. 244, 1970.
91) K. G. Wilson: *Rev. Mod. Phys.*, Vol. 47, p. 773, 1975.
92) N. Andrei, K. Furuya, and J. Lowenstein: *Rev. Mod. Phys.*, Vol. 55, p. 331, 1983.
93) A. M. Tsvelick and P. B. Wiegmann: *Adv. Phys.*, Vol. 32, p. 453, 1983.
94) N. Kawakami and A. Okiji: *Phys. Lett.*, Vol. 86A, p. 463, 1981.
95) A. Okiji and N. Kawakami: *J. Appl. Phys.*, Vol. 55, p. 1931, 1984.
96) V. Zlatić and B. Horvatić: *Phys. Rev. B*, Vol. 28, p. 6904, 1983.
97) M. F. Crommie, C. P. Lutz, and D. M. Eigler: *Science*, Vol. 262, p. 218, 1993.
98) W. A. Diño, K. Imoto, H. Kasai, and A. Okiji: *Jpn. J. Appl. Phys.*, Vol. 39, p. 4359, 2000.
99) A. J. Heinrich, J. A. Gupta, C. P. Lutz, and D. M. Eigler: *Science*, Vol. 306, p. 466, 2004.
100) V. Madhavan, W. Chen, T. Jamneala, M. F. Crommie, and N. S. Wingreen: *Science*, Vol. 280, p. 567, 1998.
101) W. A. Diño, H. Kasai, E. T. Rodulfo, and M. Nishi: *Thin Solid Films*, Vol. 509, p. 168, 2006.
102) U. Fano: *Phys. Rev.*, Vol. 124, p. 1866, 1961.
103) W. Hofstetter, J. Konig, and H. Schoeller: *Phys. Rev. Lett.*, Vol. 87, p. 156803, 2001.
104) M. Sato, H. Aikawa, K. Kobayashi, S. Katsumoto, and Y. Iye: *Phys. Rev. Lett.*, Vol. 95, p. 066801, 2005.
105) T. Akazaki, S. Sasaki, H. Tamura, and T. Fujisawa: *Phys. Rev. Lett.*, Vol. 103, p. 266806, 2009.
106) I. G. Zacharia, D. Goldhaber-Gordon, G. Granger, M. A. Kastner, Y. B. Khavin, H. Shtrikman, D. Mahalu, and U. Meirav: *Phys. Rev. B*, Vol. 64, p. 155311, 2001.
107) J. Göres, D. Goldhaber-Gordon, S. Heemeyer, and M. A. Kastner: *Phys. Rev. B*, Vol. 62, p. 2188, 2000.
108) H. R. Krishna-murthy, J. W. Wilkins, and K. G. Wilson: *Phys. Rev. B*, Vol. 21, p. 1003, 1980.
109) R. Bulla, T. A. Costi, and T. Pruschke: *Rev. Mod. Phys.*, Vol. 80, p. 395, 2008.

110) J. E. Hirsch and R. M. Fye: *Phys. Rev. Lett.*, Vol. 56, p. 2521, 1986.
111) E. Minamitani, H. Nakanishi, W. A. Diño, and H. Kasai: *J. Phys. Soc. Jpn.*, Vol. 78, p. 084705, 2009.
112) E. Minamitani, W. A. Diño, H. Nakanishi, and H. Kasai: *Phys. Rev. B*, Vol. 82, p. 153203, 2010.
113) E. Minamitani, W. A. Diño, H. Nakanishi, and H. Kasai: *Surf. Sci.*, Vol. 604, p. 2139, 2010.
114) 南谷英美：磁性ダイマー吸着系における近藤効果と磁性的相互作用に関する理論的研究．博士論文，大阪大学大学院工学研究科，大阪，2009.
115) N. T. M. Hoa, E. Minamitani, W. A. Diño, B. T. Cong, and H. Kasai: *J. Phys. Soc. Jpn.*, Vol. 79, p. 074702, 2010.
116) N. T. M. Hoa, W. A. Diño, and H. Kasai: *J. Phys. Soc. Jpn.*, Vol. 79, p. 113706, 2010.
117) N. T. M. Hoa, W. A. Diño, and H. Kasai: *J. Phys. Soc. Jpn.*, Vol. 81, p. 023706, 2012.
118) W. Chen, T. Jamneala, V. Madhavan, and M. F. Crommie: *Phys. Rev. B*, Vol. 60, p. R8529, 1999.
119) B. F. Fisher and M. W. Klein: *Phys. Rev. B*, Vol. 11, p. 2025, 1975.
120) A. Yoshimori and H. Kasai: *Solid State Commun.*, Vol. 58, p. 259, 1986.
121) 笠井秀明，津田宗幸：計算機マテリアルデザイン先端研究事例Ⅰ：固体高分子形燃料電池要素材料・水素貯蔵材料の知的設計．大阪大学出版会，大阪，2008.
122) 笠井秀明，岸 浩史：計算機マテリアルデザイン先端研究事例Ⅱ：抵抗変化メモリの知的材料設計．大阪大学出版会，大阪，2012.
123) 澤 彰仁：応用物理，Vol. 75, p. 1109, 2006.
124) H. Kishi, A. A. A. Sarhan, M. Sakaue, S. M. Aspera, M. Y. David, H. Nakanishi, H. Kasai, Y. Tamai, S. Ohnishi, and N. Awaya: *Jpn. J. Appl. Phys.*, Vol. 50, p. 071101, 2011.
125) W. Tang, E. Sanville, and G. Henkelman: *J. Phys.: Condens. Matter*, Vol. 21, p. 084204, 2009.
126) G. Henkelman, B. P. Uberuaga, and H. Jonsson: *J. Chem. Phys.*, Vol. 113, p. 9901, 2000.
127) M. David, R. Muhida, T. Roman, S. Kunikata, W. A. Diño, H. Nakanishi, H. Kasai, F. Takano, H. Shima, and H. Akinaga: *J. Phys.: Condens. Matter*, Vol. 19, p. 365210, 2007.
128) 阿部龍蔵：統計力学．東京大学出版会，東京，1992.

129) A. M. ザゴスキン（樺沢宇紀 訳）：多体系の量子論〈技法と応用〉．シュプリンガー・フェアラーク東京，東京，1999．

130) M. Sakaue, T. Munakata, H. Kasai, and A. Okiji: *Phys. Rev. B*, Vol. 66, p. 094302, 2002.

索　引

ア　行

アームチェア端　30
アンダーソン模型　106
アントニビッチ模型　101

位相緩和　94
一般化密度勾配近似　38

ウィグナー・ザイツ胞　15
運動量空間　14

エネルギー緩和　94
エネルギー分散関係　17

重い電子系　112
オルソ水素　83
オルソ・パラ転換　83

カ　行

会合脱離　36, 42
回転加熱　49, 73
回転冷却　49, 74
解離吸着　42
化学吸着　36
核スピン異性体　82
仮想準位　93
活性化障壁　35, 43, 71, 72, 75, 76, 121
カップルドチャンネル法　67
還元ゾーン　17

基本単位格子　4
逆格子　15, 76
逆格子空間　15, 88
逆格子ベクトル　15, 76
吸着エネルギー　35
吸着子　35
強磁性　113
鏡像力表面状態　25
共鳴核反応法　88
局在化　20
局在スピン　20, 104
局所密度近似　38

グラファイト　28
グラフェンシート　28

計算機マテリアルデザイン　119
ケーソム相互作用　40
結晶系　2
結晶格子　2
ケルディッシュ輪郭　139
原子間力顕微鏡　33

光電子分光　92
高分解能電子エネルギー損失分光法　87
近藤温度　105
近藤効果　105

サ　行

三重結合　27

時間順序積　140
時間発展演算子　141
ジグザグ端　30
仕事関数　16
射影バンドギャップ　23
準粒子　21
触媒反応　55
ショックレー状態　24
真空準位　23
振動補助吸着　47, 72

水素　57
水素終端　14
ステアリング　47, 72, 73, 76, 80
スピン分極　30, 106

正孔　21, 53, 95, 137
ゼーマンエネルギー　111
ゼーマン分裂　106, 108, 116

走査電子顕微鏡　32
走査トンネル顕微鏡　33, 107
走査トンネル分光　33
走査プローブ顕微鏡　33

タ 行

第一原理計算　38, 121
第一原理シミュレーション　120
体心立方格子　4
体心立方構造　4
ダイヤモンド構造　12
縦緩和　94
タム状態　24
単結合　27
断熱近似　42, 57
断熱ポテンシャルエネルギー　43, 57

知的材料設計　119
中性化散乱　50
超微細相互作用　84
直接格子　15
直接格子ベクトル　15

低温走査トンネル顕微鏡　87
抵抗変化メモリ　122
低速電子回折　87
デバイ相互作用　40
電界誘起巨大抵抗変化　122
電気二重層　26
電子顕微鏡　32
電子状態密度　19
電子遷移誘起脱離　101

同位体効果　58, 77
透過電子顕微鏡　32
動的量子フィルタリング　74, 77
独立電子近似　16
トンネル効果　68

ナ 行

二光子光電子分光法　92
二重結合　27

ノーテク・ファイベルマン機構　102

ハ 行

パウリの原理　19
剝ぎ取り反応　55
パラ水素　83
バルク電子状態　17
反強磁性　30, 84, 113, 125
バンドギャップ　18
バンド理論　16
反トンネル効果　69
反応経路　44, 45, 62, 79, 121
反応経路座標　63, 68, 78
反応性イオンエッチング　131
反応性散乱　49, 55, 61

非局在化　19
非断熱効果　103
微分コンダクタンス　108, 110
非平衡グリーン関数法　137
表面エネルギー　35
表面電子状態　24

ファノ干渉　109
ファンデルワールス力　39
フェリ磁性　31, 84
フェルミ接触相互作用　85
副格子点　30
物理吸着　36, 39, 83
ブラッグ反射　18, 76
フランク・コンドン遷移　101
フリーデル振動　108, 114
ブリルアンゾーン　15
ブロッホの定理　17
分子間力　39
フントの規則　20

方向指数　5
ホットアトム機構　56, 79
ボルン・オッペンハイマー近似　42, 57

マ 行

密度行列法　95
密度汎関数理論　38, 119
ミラー指数　4

面指数　4
面心立方格子　7
面心立方構造　7
メンツェル・ゴーマー・レッドヘッド模型　101

モース型ポテンシャル　37

ヤ 行

有効質量　19

横緩和　94
芳田・近藤一重項　104

ラ 行

ラシュバ効果　21
ラングミュア・ヒンシェルウッド機構　56
リウビル・フォンノイマン方程式　94, 137

リディール・イーレー機構　55, 79
ルーダーマン・キッテル・糟谷・芳田相互作用　113

励起子　21
零点振動　60, 75, 89
レナード・ジョーンズ型ポテンシャル　40

六方最密充塡構造　10
六方ブラベー格子　11
ロンドン分散力　40

ワ 行

ワニエ関数　17

欧 文

AFM　33

bcc　4

CER　122
CMD　119

dバンド　19
DFT　38
DIET　101
DIMET　102

fバンド　19
fcc　7

GGA　38
GrimmeのDFT-D2法　41

hcp　10
HREELS　87

LDA　38
LEED　87
LT-STM　87

NRA 88

π結合 27

ReRAM 122
RKKY相互作用 113

σ結合 27

SEM 32
sp混成軌道 27
spバンド 19
SPM 33
STM 33

TEM 32

著者略歴

笠井 秀明（かさい ひであき）
1952年　大阪府に生まれる
1981年　大阪大学大学院工学研究科博士課程修了
現　在　大阪大学大学院工学研究科精密科学・応用物理学専攻
　　　　教授
　　　　博士（工学）

坂上 護（さかうえ まもる）
1973年　広島県に生まれる
2000年　大阪大学大学院工学研究科博士課程修了
現　在　大阪大学大学院工学研究科精密科学・応用物理学専攻
　　　　特任研究員
　　　　博士（工学）

アドバンスト物理学シリーズ 1
表面界面の物理　　　　　　　　定価はカバーに表示

2013年 7月10日　初版第1刷

著　者　笠　井　秀　明
　　　　坂　上　　　護
発行者　朝　倉　邦　造
発行所　株式会社　朝　倉　書　店
　　　　東京都新宿区新小川町 6-29
　　　　郵便番号　162-8707
　　　　電話　03(3260)0141
　　　　ＦＡＸ　03(3260)0180
　　　　http://www.asakura.co.jp

〈検印省略〉

© 2013〈無断複写・転載を禁ず〉　　中央印刷・渡辺製本
ISBN 978-4-254-13661-6　C 3342　　Printed in Japan

JCOPY 〈(社)出版者著作権管理機構 委託出版物〉
本書の無断複写は著作権法上での例外を除き禁じられています。複写される場合は、そのつど事前に、(社)出版者著作権管理機構（電話 03-3513-6969, FAX 03-3513-6979, e-mail: info@jcopy.or.jp）の許諾を得てください。

物性物理学ハンドブック

前学習院大 川畑有郷・明大 鹿児島誠一・阪大 北岡良雄・東大 上田正仁編

13103-1 C3042　　A5判 692頁 本体18000円

物質の性質を原子論的立場から解明する分野である物性物理学は、今や細分化の傾向が強くなっている。本書は大学院生を含む研究者が他分野の現状を知るための必要最小限の情報をまとめた。物質の性質を現象で分類すると同時に、代表的な物質群ごとに性質を概観する内容も含めた点も特徴である。〔内容〕磁性／超伝導・超流動／量子ホール効果／金属絶縁体転移／メゾスコピック系／光物性／低次元系の物理／ナノサイエンス／表面・界面物理学／誘電体／物質から見た物性物理

ペンギン物理学辞典

V. イリングワース編
前東大 清水忠雄・前上智大 清水文子監訳

13106-2 C3542　　A5判 528頁 本体9200円

本書は、半世紀の歴史をもつThe Penguin Dictionary of Physics 4th ed.の全訳版。一般物理学はもとより、量子論・相対論・物理化学・宇宙論・医療物理・情報科学・光学・音響学から機械・電子工学までの用語につき、初学者でも理解できるよう明解かつ簡潔に定義づけするとともに、重要な用語に対しては背景・発展・応用まで言及し、豊富な理解が得られるよう配慮したものである。解説する用語は4600、相互参照、回路・実験器具等図の多用を重視し、利便性も考慮されている。

磁性物理学
―局在と遍歴、電子相関、スピンゆらぎと超伝導―

前東大 守谷亨著
物理の考え方1

13741-5 C3342　　A5判 164頁 本体3400円

磁性物理学の基礎的な枠組みを理解するには、電子相関を理解することが不可欠である。本書では、遍歴モデルに基づく磁性理論を中心にして、20世紀以降電子相関の問題がどのように理解されてきたかを、全9章にわたって簡潔に解説する。

固体物理学

前学習院大 川畑有郷著
物理の考え方3

13743-9 C3342　　A5判 244頁 本体3500円

過去の研究成果の独創性を実感できる教科書。〔内容〕固体の構造と電子状態／結晶の構造とエネルギー・バンド／格子振動／固体の熱的性質―比熱／電磁波と固体の相互作用／電気伝導／半導体における電気伝導／磁場中の電子の運動／超伝導

金属-非金属転移の物理

前慶大 米沢富美子著

13110-9 C3042　　A5判 264頁 本体4600円

金属-非金属転移の仕組みを図表を多用して最新の研究まで解説した待望の本格的教科書。〔内容〕電気伝導度を通してミクロな世界を探る／金属電子論とバンド理論／パイエルス転移／ブロッホ-ウィルソン転移／アンダーソン転移／モット転移

表面物理学

前東大 村田好正著
朝倉物理学大系17

13687-6 C3342　　A5判 320頁 本体6200円

量子力学やエレクトロニクス技術の発展と関連して進歩してきた表面の原子・電子の構造や各種現象の解明を物理としての面白さを意識して解説〔内容〕表面の構造／表面の電子構造／表面の振動現象／表面の相転移／表面の動的現象／他

準結晶の物理

前東大 竹内伸・東大 枝川圭一・東北大 蔡安邦・東大 木村薫著

13109-3 C3042　　B5判 136頁 本体3500円

結晶およびアモルファスとは異なる新しい秩序構造の無機固体である「準結晶」の基礎から応用面を多数の幾何学的な構造図や写真を用いて解説。〔内容〕序章／準結晶格子／準結晶の種類／構造／電子物性／様々な物性／準結晶の応用の可能性

中性子散乱

前東北大 遠藤康夫著
朝倉物性物理シリーズ9

13729-3 C3342　　A5判 220頁 本体4000円

中性子散乱の基礎的な知識、実験に使われる装置および研究の具体例を紹介。〔内容〕物質の顕微／中性子の特性と発生／中性子散乱現象の基本／中性子カメラを用いた構造解析／中性子分光装置を用いた散乱研究／中性子散乱による物性物理研究

上記価格（税別）は2013年6月現在